心理咨询与治疗系列

Self Psychology: An Introduction

自体心理学导论

［美］彼得·A. 莱塞姆（Peter A. Lessem） 著

王静华 译

中国轻工业出版社

图书在版编目（CIP）数据

自体心理学导论／（美）彼得·A. 莱塞姆（Peter A. Lessem）著；王静华译. —北京：中国轻工业出版社，2017.10（2025.3重印）

ISBN 978-7-5184-1560-1

Ⅰ. ①自… Ⅱ. ①彼… ②王… Ⅲ. ①精神分析－研究 Ⅳ. ①B84-065

中国版本图书馆CIP数据核字（2017）第200828号

版权声明

Copyright © 2005 by Rowman & Littlefield Publishing Group, Inc.

Published by agreement with the Rowman & Littlefield Publishing Group through the Chinese Connection Agency, a division of The Yao Enterprises, LLC.

All rights reserved. No part of this publication may be reproduced, stored in a retrieval system, or transmitted in any form or by any means, electronic, mechanical, photocopying, recording, or otherwise, without the prior permission of publisher.

> 保留所有权利。非经中国轻工业出版社"万千心理"书面授权，任何人不得以任何方式（包括但不限于电子、机械、手工或其他尚未被发明或应用的技术手段）复印、拍照、扫描、录音、朗读、存储、发表本书中任何部分或本书全部内容，以及其他附带的所有资料（包括但不限于光盘、音频、视频等）。中国轻工业出版社"万千心理"未授权任何机构提供源自本书内容的电子文件阅览、收听或下载服务。如有此类非法行为，查实必究。

责任编辑：孙蔚雯　　　　责任终审：杜文勇
文字编辑：唐　淼　　　　责任校对：刘志颖
策划编辑：阎　兰　　　　责任监印：吴维斌

出版发行：中国轻工业出版社（北京鲁谷东街5号，邮编：100040）

印　　刷：三河市鑫金马印装有限公司

经　　销：各地新华书店

版　　次：2025年3月第1版第7次印刷

开　　本：710×1000　1/16　印张：15.25

字　　数：163千字

书　　号：ISBN 978-7-5184-1560-1　定价：48.00元

读者热线：010-65181109

发行电话：010-85119832　　010-85119912

网　　址：http://www.chlip.com.cn　http://www.wqedu.com

电子信箱：1012305542@qq.com

版权所有　侵权必究

如发现图书残缺请拨打读者热线联系调换

250308Y2C107ZBW

你永远不可能真正了解一个人，除非你从他的角度看待事物……除非你化身他本人行走于世间。

——Harper Lee《杀死一只知更鸟》

把各色事物甩在我们身后，是对进步最致命的隐喻，它彻底遮蔽了成长真正的含义：真正的进步意味着将各色事物留在我们内心。

——G. K. Chesterton

推 荐 序

《自体心理学导论》是杰出的自体心理学读物。它检索和讨论了从科胡特开始，发展到当代的自体心理学的重点概念和重点实践技术。

2015年，我在北京教授自体心理学时，王贺春博士、曲丽老师向我推荐了此书，并举例引述作品中科胡特使用的共情一词的转变，以及科胡特之后对共情一词在自体心理学的多角度再定位，等等，让我印象深刻。之后在上海的现代精神分析（自体心理学取向）研修班的教学研讨中，我和王东、王静华等成员也研讨了此书，更加发现此书的重要价值。我觉得此书的内容，对于希望了解和学习当代自体心理学的精神科医生、心理咨询师、社会工作者等都是十分有意义的，于是联系了中国轻工业出版社"万千心理"的编辑阎兰，开始了此书的引进和翻译。

当代自体心理学由科胡特在1971年奠定基础，在1978年正式创立，至今已经近四十年。从科胡特开始，经由格林伯格、沃尔夫、利希滕贝格、斯特恩、史托罗楼等著名精神分析师、心理咨询师的贡献及发展，已经成为精神分析四大主流学派之一。当代自体心理学从内部分支上，可以区分为三大分支方向，由科胡特及其弟子延续的经典派，由利希滕贝格发展的动机系统学派，由史托罗楼等人发展的主体间学派，除此之外也可以加上第四个，即目前与人本主义取向合作的人本派。

国际自体心理学会（International Association for Psychoanalytic Self Psychology，IAPSP）目前是活跃于全球的心理疗法学会组织。中国近年来也有不少成员和机构加入国际自体心理学会，逐步推进自体心理学在中国的发展。在中国大陆，武汉心理医院、南嘉心理咨询中心、北佳心理咨询中心等机构多次引进或举办自体心理学的各种级别的系统教学训练。同时，中德精神分析项目、中美精神分析联盟（China American Psychoanalytic Alliance，CAPA）的一些讲师和督导也有引进自体心理学观点的教学。可以看到，自体心理学在当代中国的发展十分强劲。

这个时代的中国社会的发展是迅猛的，但心灵建设也需要随时跟上。正如北京大学的徐凯文博士提出的"空心病"问题，它的成因包括当代社会、文化、科技演进的多系统变化的综合原因。但其中的一部分，在自体心理学的观点中已有讨论，因为那也是科胡特那个时代的美国所遇到的社会、心理问题之一。虽然国家与国家的社会、文化存在差异，但也有不少类似性，可供我们借鉴。这能够更好地让中国的心理学家、精神科医生在临床上更能够同调地理解来访者，协助他们的转化和自体的重建。这或许也是目前自体心理学在中国持续发展的原因之一吧。

因此，此书的出版对于从事精神分析取向治疗的精神科医生、心理咨询师、社会工作者、精神分析理论研究者、心理学家、心理爱好者等，都是具有十分重要的价值和意义的，我十分推荐对此书的研读。同时，此书也是十分优秀的当代自体心理学教材之一。

徐钧
2017年5月1日于上海

译　者　序

在上海南嘉心理培训中心的现代自体心理学项目中进行的研讨，是本书引进翻译的缘起。在翻译过科胡特的《自体的分析》(1971)、《自体的重建》(1977)、《精神分析治愈之道》(1984)三本著作之后，我们依旧觉得"理解自体心理学并不容易"。科胡特曾言："我的结论在本质上是通过研究移情获得的（尤其是通过共情浸入具有自恋人格障碍的被分析者的移情）……借助分析性情境中无可比拟且不可替代的观察工具……我的贡献一直都更加清晰、更加系统化和更具有包容性……触及了问题的本质。(*The search for the Self*, Paul H. Ornstein, Volume 3, Chapter 5, 1975, pp.227-228)"

彼得·A.莱塞姆（Peter A. Lessem）的这本综述性兼导论性的自体心理学论著行文流畅，逻辑清晰，概念与理论的论述有起始，有演进，有对比，似乎拨开了令人眩晕的重重迷雾，端见庐山风景。在本书中，各章在必不可少地比较了弗洛伊德的经典精神分析相关概念的同时，还涉及后科胡特时期的自体心理学观点，并在第9章和第10章介绍了"动机系统理论"和"主体间性"——这两个理论的发展与自体心理学紧密相联，乃至被认为是自体心理学的分支。第8章讨论了科胡特的思想和社会文化背景，附录回顾了费伦齐、巴林特、费尔贝恩和温尼科特早于科胡特提出的许多关键思想。这些无疑极大地扩展并推进了对自体心理学观点的理解，而在这样的背景性信息之下，我们也更容易理解自体心理学的精神分析治愈之道。

感谢促成此书引进并顺利出版的策划编辑阎兰和徐钧老师，尤其感谢徐钧老师给予我的信任和肯定。感谢李孟潮老师一字一句地进行了审校。

感谢文字编辑唐淼的细致工作和甘之如饴的鼓励与支持。感谢研讨同行王东帮我查阅术语。感谢我的老公为我腾出空间。感谢我的儿子——他经常问我:"老妈,你翻译得怎么样了?加油!"感谢其他人一路过来的各种关注!关系中的每一个人都恰好在这个过程中的某个时刻,给出了欣赏、认可、支持和理解,成为我的自体客体,满足我的自体客体需要,这是从生命伊始、贯穿始终的人性的自然而然的需要。

翻译的过程也是浸润的过程,就像从翻译伊始的"蒹葭苍苍,白露为霜。所谓伊人,在水一方。溯洄从之,道阻且长";到翻译成形之时,仿佛听见丛林深处狮子的低吼,九色鹿缓缓走来,翅翼划过耳边……

在咨询实践中,自体心理学的理论和框架逐渐帮助我借由深度遇见自己而更能穿透性地体验到对方。在咨询的场中,语言与非语言的表达与存在如独特之流,我既在河流之中,也在岸边,亦能关注并体会、跟随这一切的流动,在不同的位置上自由摆荡体验,于是宽厚和有深度的分析空间逐渐形成,咨询师最终帮助对方在分析性相遇中深刻地体验到自体韵味,火与光的转化……一切尚在并依旧在路上:

> 你曾经是火,
>
> 现在,你是光。
>
> 你曾经是一粒生涩的葡萄,
>
> 现在,你丰满多汁,
>
> 如今,你是一颗甘甜的葡萄干。
>
> 一点星光变成了太阳。
>
> ——《万物生而有翼》(Rumi, The book of Love)

目 录

前言 ·· 1

第 1 章　缘起 ·· 5

第 2 章　自恋概念的重构 ·· 15
  弗洛伊德定义的自恋 ·· 15
  科胡特对自恋的解释 ·· 16
  自恋发展路线 ·· 20
  自恋的成熟 ·· 22
  自体心理学对羞耻的强调 ·· 23

第 3 章　**自体与自体客体** ·· 29
  自体和自体客体的关系 ·· 29
  自体心理学基石——自体客体 ·· 29
  科胡特自体客体概念的演化 ·· 30
  科胡特定义的自体 ·· 31
  自体的成分 ·· 33
  自体客体需要 ·· 35
  镜映自体客体需要 ·· 41
  理想化自体客体需要 ·· 49
  科胡特的双极自体 ·· 51
  另我或孪生自体客体体验需要 ·· 52
  自体客体体验通常是单一的还是复合的？ ·································· 55

　　　　自体客体概念的演变 ………………………………………… 55

　　　　自体-统整 …………………………………………………… 60

第 4 章　共情 …………………………………………………………… 63

　　　　自体心理学对共情的强调 …………………………………… 63

　　　　对自体心理学的共情的常见误解 …………………………… 64

　　　　自体心理学对共情的概念化 ………………………………… 66

　　　　共情过程 ……………………………………………………… 71

　　　　共情的最新概念化 …………………………………………… 75

第 5 章　自体心理学如何看待心理成长和治疗行为 ………………… 77

　　　　自体的强化 …………………………………………………… 77

　　　　结构化 ………………………………………………………… 78

　　　　科胡特的结构化理论：自体客体需要的恰到好处的

　　　　　　挫折促成转变内化作用 ………………………………… 78

　　　　自体心理学内部对科胡特结构形成概念的批评，以及替代的

　　　　　　结构建立概念 …………………………………………… 81

　　　　矫正性情感体验或矫正性自体客体体验 …………………… 86

　　　　代偿结构 ……………………………………………………… 87

　　　　治愈过程的自体-解放 ……………………………………… 90

第 6 章　自体-体验失调和障碍的精神病理学 ………………………… 93

　　　　自体心理学的精神病理学 …………………………………… 93

　　　　自体心理学如何看待病理核心 ……………………………… 97

　　　　崩溃焦虑 …………………………………………………… 100

　　　　科胡特重新概念化的俄狄浦斯病理 ……………………… 101

　　　　自体心理学的症状学 ……………………………………… 104

　　　　自体心理学对创伤的理解 ………………………………… 104

　　　　自体心理学的缺陷概念 …………………………………… 105

　　　　问题组织原则和过程 ··· 106
　　　　自体心理学对性欲化和性变态的理解 ······························· 107
　　　　科胡特对物质滥用和成瘾的理解 ····································· 108
　　　　后自体心理学关于成瘾的观点 ·· 110

第 7 章　临床过程 ··· 113
　　　　自体心理学治疗原理 ··· 113
　　　　自体心理学如何理解阻抗/防御并与之工作 ······················· 116
　　　　破裂及修复的重要性和必然性 ······································· 120
　　　　自体心理学的移情概念 ·· 124
　　　　移情的镜映自体客体维度 ··· 130
　　　　自体心理学的诠释过程 ·· 132
　　　　恰到好处的回应 ·· 136
　　　　反移情 ··· 137
　　　　自体状态的梦 ··· 142
　　　　从实证模型到建构模型的范式转换对自体心理学临床
　　　　　实践的影响 ·· 144
　　　　从驱力降低到关系模型的范式转换对自体心理学临床
　　　　　实践的影响 ·· 145

第 8 章　思想人文和社会文化对科胡特的影响 ··· 147
　　　　颂扬个体主体性对科胡特的影响 ···································· 147
　　　　科学探索模型的转变对科胡特的影响 ······························ 148
　　　　近代物理学对科胡特的影响 ··· 150
　　　　人文艺术对科胡特的影响 ·· 150
　　　　科胡特的精神分析背景 ·· 151
　　　　科胡特对自我心理学的异议 ··· 152
　　　　科胡特在"内省、共情和精神分析"一文中的论点 ············ 152

　　　　关于精神分析认识论论战的历史背景·················153

第 9 章　**主体间性**·················155
　　　　主体间性理论的发展·················155
　　　　主体间性理论的基本概念·················157
　　　　主体间性理论的心理治疗原则·················158
　　　　主体间性理论不是一个精神分析理论·················158
　　　　主体间性理论关于精神病理发展的观点·················159
　　　　主体间性理论者重新概念化无意识·················161
　　　　主体间性理论的治疗促进要素·················162
　　　　主体间性理论的移情和反移情·················163
　　　　主体间性理论的治疗作用·················166
　　　　主体间性理论与自体心理学的对比·················166

第 10 章　**动机系统理论**·················171
　　　　与生理需求相关的心理调节动机系统·················172
　　　　依恋动机系统·················173
　　　　探索和自信动机系统·················174
　　　　厌恶动机系统·················176
　　　　感官-性欲动机系统·················177
　　　　案例片段·················178

第 11 章　**自体心理学的攻击**·················179
　　　　自体心理学的自恋和攻击的关系·················180
　　　　科胡特的自恋性暴怒概念·················180
　　　　后科胡特对自体心理学攻击观点的贡献·················186

第 12 章　**自体心理学视角**·················189
　　　　自体心理学的发展性和关系性·················191
　　　　自体心理学的发展性和关系性观点对临床感受性的塑造·················192

自体心理学的人类相互依存视角对临床感受性的塑造 ············ 193
　　　自体心理学的关系视角与其他精神分析理论的比较 ············· 194
　　　自体心理学关注主体性对临床感受性的塑造 ··················· 195
　　　治疗乐观主义是自体心理学感受性的特征 ····················· 196
第13章　自体心理学对精神分析理论和实践发展的贡献 ············ 199
附　　录　影响自体心理学的先驱理论家及其理论观点 ············ 203
　　　影响科胡特的先驱理论家 ··································· 203
　　　费伦齐先于自体心理学的理论观点 ··························· 203
　　　巴林特先于自体心理学的理论观点 ··························· 207
　　　费尔贝恩先于自体心理学的理论观点 ························· 212
　　　温尼科特先于自体心理学的理论观点 ························· 214

参考文献 ·· 219

前　言

和很多人一样，我也相信自体心理学对精神分析的演进发展做出了重大且决定性的贡献。可不幸的是，我也同样认为，对于新进入这个领域的人而言，理解自体心理学并不容易。大多数人会发现，科胡特的理论很难阅读和理解。因为这个以及其他各种原因，自体心理学的许多概念被普遍误解。我试图写一本综合性、引导性的教材，使自体心理学的概念更易被理解，尤其是对开始尝试学习自体心理学的学生和临床医生来说。

此书是我对自体心理学理论和实践的独特理解（并简要地结合主体间性理论和动机系统理论）。我不得不在内容呈现上有所取舍，并且我的选择不可避免地会反映我个人的偏好。除此以外，我期望并深感遗憾的是，在努力以中等篇幅提供关于自体心理学的概述时，我不可避免地会忽略一些理论家，对另一些理论家仅能一笔带过。

我主要依据两个原则组织此书的内容：体现自体心理学概念的演化，体现这些概念彼此关系的内在逻辑。因而，我认为从科胡特的"自恋概念的重构"（第2章）开始是有意义的（第1章引入一个非常重要的个案，而且整本书都会参考这个个案，之后简要回顾了科胡特理论的发展），因为科胡特的几乎所有概念都延伸自他对自恋和自恋发展的概念重建。接着，我在第3章谈及关键的自体客体（selfobject）概念以及自体（self）和自体客体这两个概念之间的关系，这是自体心理学看待人类体验的核心视角。同时这一章不仅解释并说明了不同类型的自体客体体验（selfobject experience），也讨论了这些自体客体体验的发展以及发展中的问题。

接下来的第4章涉及最常被误解的共情（empathy），详细阐释了这个核心概念以及它在发展和治疗过程中的作用，讨论了自体心理学为什么非常重视共情，对共情的常见误解，以及科胡特如何无心地在一定程度上导致了共情在治疗和治疗作用上的某种混乱。第4章也包括那些对自体心理学重视共情的各种批评。之后简略地描述了自体心理学的后科胡特理论家关于共情的一些有见解的观点。

第5章涉及结构化，特别聚焦于自体心理学如何看待心理成长和治疗作用。这一章从科胡特关于恰到好处的挫折（optimal frustration）的理论开始。接着，正面回应对这一理论的挑战，比如来自巴沃克、特曼、史托罗楼、毕比和拉赫曼的不同观点。解释并说明与此相关的概念，包括代偿结构（compensatory structure）、矫正性自体-客体体验（corrective self-object experience）和自体-解放（self-liberation）。

第6章集中阐述自体心理学对精神病理学的理解，详细阐述了若干重要概念，包括自体失调的病因学、自体心理学如何看待病理核心、脆弱自体、碎裂体验（fragmentation experience）和崩溃焦虑（disintegration anxiety）、症状学理解、有问题的组织原则、对俄狄浦斯病理的概念重建，以及自体心理学关于创伤和成瘾问题的观点。

第7章专注于临床过程。更加清楚地描绘了自体心理学治疗在实践中看起来是怎样的。涉及的主要概念有自体心理学治疗原理、倾听的位置和共情倾听位的核心、阻抗、移情（包括重复性维度和自体客体维度这两者）、反移情、破裂及修复序列、诠释过程以及治疗行为的指导原则。

第8章的内容是影响科胡特和他对精神分析理论的推进的重要人文思想和社会文化。理解一个理论家，将他置于他所在的时代背景中是有所助益的，这就是此章的出发点。

第9章简要概览了史托罗楼和阿特伍德发展的主体间性视角。在这一章中讨论的主要概念包括主体间性理论的发展由来、它的基本概念、基本治疗原则、精神病理学、对无意识的概念重建、对治疗有效因素和治疗作用的观点、移情和反移情，以及与自体心理学的比较。类似地，第10章简要概述最初由利希滕贝格综合论述的动机系统理论。详细说明并解释了利希滕贝格设想的五大动机系统。

第11章重新返回自体心理学，特别关注它关于攻击的观点。首先涉及自体心理学的自恋和攻击这两个概念之间的关系，接着转向科胡特的自恋性暴怒（narcissistic rage）。从理论和临床两方面讨论自恋性暴怒，涵盖究竟什么引发了自恋性暴怒、它的表现形式、科胡特对于自恋性暴怒的治疗指导方针、科胡特对自恋性暴怒和健康攻击的比较，以及科胡特从自恋性暴怒视角是如何理解攻击的。随后，此章讨论了后科胡特理论家对自体心理学理解攻击的贡献，包括福斯吉、拉赫曼和史托罗楼。

第12章的篇幅很短，简单描述了我所称的"自体心理学观点"。所谓"观点（vision）"，我的意思是一个理论关于人性和发展、精神病理如何发展而来（建构在对人性和发展的观点之上）以及有效治疗的深层原理的观点。

第13章是本书的最后一章，落在自体心理学对精神分析理论和实践的贡献上。

在本书的附录中描述了四位理论家各个方面的理论成就，费伦齐、巴林特、费尔贝恩和温尼科特可以说是自体心理学部分主要概念的先驱者。

这本书也从一路相随的许多人的帮助中获益。首先要感谢我的朋友兼同事托马斯·史密斯博士，感谢他精湛的编辑和鼓励。本书因此变得更好了。

我非常感谢我的朋友兼同事亚瑟·格瑞博士、阿利纳·法尔曼和彼得·考夫曼阅读了本书的早期草稿并在许多地方为我指出了有用的方向。我也非常感谢彼得·考夫曼博士将此项目引荐给我。

最初计划组织此书时，我得到了来自"半圆(semicircle)"成员的睿智建议，他们是：雪莱博士、杰奎琳·戈特霍尔德博士、盖瑞·海耶斯博士、珍妮特·德洛格（临床社会工作者）、彼得·考夫曼博士、唐娜·奥林奇博士、桑德拉·吉尔斯基博士、斯提芬·克诺布洛赫博士、朱蒂斯·拉斯廷（临床社会工作者）和多里纳·索特博士。

最后，特别感谢我的家庭，感谢他们的鼓励、支持和偶尔的刺激，包括：我的女儿艾米丽（"爸爸，你打算什么时候完成这本书？"），我的继子伊桑·莫勒（"彼得，你还在写那本书？"），以及我的妻子珍妮特，感谢她无价的支持和在计算机上的专长。我非常感谢她多次将埋没在网络空间中的底稿挽救出来。当然，就此书的内容，读者们将会做出自己的判断。

第1章　缘起

伊温妮30岁出头，高个，皮肤白皙，前来治疗是因为她期望能够和一位男性建立稳定的关系。她曾对有能力做到这点变得很绝望。伊温妮在过去几年未曾约会。她接近男性的行为方式具有病态恐惧的特征。她认为自己在个性和外形上都毫无吸引力。我很惊讶，她怎么会形成如此负面的自我认知，尤其是我对她的印象完全不同。我觉得她很体贴，理解力强，偶尔还带点儿讽刺性的幽默感。当她放下自我保护并变得更有活力的时候，她让我觉得很有吸引力。

伊温妮关注的第二个领域是她对于跟朋友的关系感到不满意。她倾向于感到他们常常让她觉得负担很重。随着我们对此的讨论，事情就变得很清晰，她非常乐于帮助朋友，但是感到她对他们的关注和为他们的利益所付出的努力，并没有得到他们的充分回报。有时，她会远离所有人——躲在她的公寓里，不回朋友们的电话，吃得太多，一直看电视并变得越来越沮丧。

毫不意外地，她关心的第三个领域是常有极为糟糕的自我感觉。无疑，把自己看得毫无吸引力会伤害她的自尊。她说自己从儿童期开始就一直有这样的自我感觉。她也常常认为自己很无趣。尤其是当她和"有趣的人"在一起的时候。生活中也会有很多"无趣的人"，面对他们时，她会有一种优越感，但他们不值得交往。大部分时间，伊温妮对她的生活感到很不满意，经常感到抑郁并对自己的未来越来越失望。

伊温妮出生于新英格兰中产阶级家庭，家庭完整，她是三个孩子中的老二。她的童年期看起来波澜不惊，在这个意义上，没有明显的创伤和重大丧失。她的父亲是大学教授，在他的领域获得了很高声望。她的母亲在伊温妮进入高中以前一直在家抚养孩子。值得注意的是在她描述的家庭生活中，她的母亲感到紧张时就常躲到她的卧室——这种情形并不少见——以及她父亲不可预期的暴脾气。在病人的描述中，她的母亲非常迎合她的父亲，并且很小心地不让他心烦意乱。

会谈进展几个月后，为了达到她的治疗目标，我觉得和伊温妮的工作涉及这样几个相互关联的领域：作为一名有魅力且具吸引力的女性，她的自我感觉；她的情绪调节，特别是焦虑；她对拒绝的恐惧和羞耻感；她条件反射性的、对男性的恐惧预期；她的孤行专断；她过度依赖回避来保护自己。

我将在本书中频繁引用伊温妮的治疗以及其他人的治疗，来阐明自体心理学关于精神分析理论和治疗的观点。但是首先，我想简述一些重要概念的发展，这些概念构成自体心理学理论的基础。在更深入地思考自体心理学理论和临床应用前，这能够提供一个整体性视角。

海因兹·科胡特（1913—1981）详细叙述了在与一位年轻女病人工作的过程中他有了一个顿悟。获得这个启示时，正是他和这个女病人的治疗已经变得越来越困难、越来越胶着之时。这让他重新思考了关于发展、精神病理和治疗的某些基本概念。

那时科胡特正处于中年，是一名非常受尊敬的弗洛伊德学派分析师并在弗洛伊德学派的精神分析师圈子被广泛认可。在芝加哥精神分析协会中很快就升为最高等级的训练分析师。他已经是一名非常受欢迎的导师，对精神分析理论有着卓越的造诣和相当非凡的领导力。也是数家专业权威报纸的作者，这进一步提高了他的声望。他的职业生涯显然正在顶峰，已被提名为极有声望的芝加哥精神分析协会的主席。

尽管如此，在对25岁左右年轻的F小姐的治疗过程中，科胡特却感到越来越困惑和挫败（Kohut, 1971）。病人前来治疗是为了治愈大量模糊的不满意感。虽然她在事业上很积极，拥有社交生活并且曾经有一连串的男友，然而她始终持续感到与他人相异和隔离。她也受困于突然的情绪转换，这与她对自身所想所感真实性的慢性不确定感有关。看起来，促使她与他人建立关系的根本动力是力图避免经常承受的各种不安的情绪状态。

在她的分析进行了一段时间后，会谈发展出了一种令双方都很挫败的模式，这也让科胡特难以理解。简而言之，通常发生的情况是，F小姐以一种友好的情绪开始这次会谈，谈起她对工作、她的家庭或最近见到的男性的关注。但会谈大约进行到一半时，病人常会突然变得极度愤怒，因为科胡特沉默且不给予她任何支持。起初，这些情绪的突然爆发让科胡特很震惊，但是一再重复之后，他变得能预期（而且可能恐惧）这些爆发。他根据基于冲突的俄狄浦斯移情的假设来诠释与病人之间正在发生的事情，结果一无所获并且仅仅增强了病人对他的愤怒。换句话说，科胡特为了让病人相信他是代表过去爱与恨的新客体所付出的努力徒劳无获。他这个分析师的所想所做对她没有任何意义。

经过不断摸索，让科胡特松口气的是，最终他注意到，如果他总结或者仅仅是简单重复病人刚才所说的，她就能平静下来并感到满足。可是，如果他走到病人讲述或者发现的前面，她将会——以"一种紧张、尖锐的声音"——再次变得暴怒并谴责他正在损害她，摧毁她所建立的一切，并且破坏分析（Kohut, 1971: 286）。她要求并需要的是科胡特这个特定的回应，并完全拒绝任何其他形式的回应。

很快，病人渴求、尖锐的声音让科胡特联想到年幼孩子的"坚信是正确的"（288）。他推测病人的这个声音很有可能没有被表达过，它需要被表达，并被病人和自己听到。

科胡特开始理解到，F小姐为他"在一个年幼孩子的世界观架构中"分配了"一个特定的角色"（287）。并推测她正在重演（reenact）一个特定的儿童期需求。他推断这个需求是早期寻求与他人的自体体验，却在那时频繁受挫。特别是F小姐极度渴望和需要他共情地回应她所展现的各种能力，共情地回应她对赞同、欣赏反射（appreciative reflection）和呼应的期待。科胡特称之为"镜映需要（need for mirroring）"。他构造"镜映移情（mirroring transference）"这个术语表示分析师体验到正在满足这个需要/要求：通过反射、呼应、认可和赞赏来回应病人展现的各种能力。所以科胡特认为，F小姐精神病理的核心在于她彻底地依赖他人的回应来维持自尊。F小姐再三地要求他，让她通过这个镜映体验（mirroring experience）来即刻满足自尊增强的需要。

在治疗的这个阶段，对F小姐主要的反移情反应中的一点让科胡特感到疑惑和困扰。他发现他的注意力滞后，他的思维开始游移。总之，他变得厌倦。他意识到这和F小姐与他建立关系的方式有关。她的交流看起来并不是以个体的方式指向他的。

她反而期待的是他为她执行某个功能。再一次，这个功能就是共情地回应她对镜映体验的期待。这些时候，F小姐与他的关系根本是作为一个心理功能的具身化（embodiment），这个功能是她的精神还无法为自身执行的。她需要科胡特通过赞同、呼应及反射，来共情地回应她展示的各种能力并支持她的自尊["自恋物（narcissistic sustenance）"，经典精神分析术语]。

获得对F小姐的这个顿悟之后，当科胡特以这个新的视角倾听其他病人的时候，让他印象越来越深刻的是他们需要科胡特提供他们无法提供给自身的各种心理功能。在科胡特看来，这就是他们心理体验的核心，而不是弗洛伊德经典精神分析所假设的——他们有性和攻击的幻想、欲望和冲突。让科胡特印象最深刻的是，他的病人们挣扎地表达：他们需要这样的回应，以唤起、维持或者增强积极的自体统整感（Bacal, 1995b）。

在科胡特的第一本书，《自体的分析》（*The Analysis of the Self*, 1971）中，他使用**自体客体**（selfobject）这个术语[那时写成"自体-客体（self-object）"]来指代执行自恋功能的一个客体（另一个人，或者是另一个人的表征），正如科胡特本人为F小姐所执行的。在那时，科胡特正尽力在当时经典精神分析的主流理论——自我心理学理论——的架构内构建他关于自恋的新构想。科胡特设想自体客体是一个客体，这个客体被体验为自体的一部分而不是一个分离的人："期望控制……（自体-客体）他人……在概念上，更接近于一个成年人期望控制自己的身体和意识，而不是他想要去控制其他人"（1971：27）。在科胡特完成的最后一本书——《精神分析治愈之道》（*How Does Analysis Cure?*，1984；此书于科胡特去世后出版）——里，他明确定义自体客体（取消了中间的短横线）是"我们对另一个人的体验维度，关联于这个人所具有的支持我们自体的功能"。

科胡特相信儿童天生就有与他人的关系需要。科胡特喜欢这样表达，正如我们的生理存活需要空气，我们的精神存活（psychological survival）和心理成长需要与他人的关系和联结。他认为适切的发展需要特定类型的关系体验。所以科胡特的自体客体概念隐含着**自体客体需要**的观点。这些是特定类型的原发发展需要，要求他人的参与来帮助创造必需的关系体验，从而满足这些需要。最初科胡特聚焦于发展需要的两个特殊群集：(1) 与建立和维持自尊感有关的群集——镜映体验的需要；(2) 与体验到安全感、平静和抚慰有关的群集——理想化体验的需要。

当科胡特克服了自己的阻抗，能够共情地体验并随后在认知层面领会到 F 小姐急迫、执着地要求镜映体验的有效性后，他与 F 小姐的工作发生了创造性的飞跃。他这样做，是承认这些需要描绘出儿童早期现实，而且她一直在努力应对这个现实。现在，这些需要在对科胡特的移情中再现（P. Ornstein，1978）。

F 小姐治疗的这个方面指出科胡特重新论述的另一个关键重点，即关于共情（empathy）这个概念。在科胡特看来，共情的重要性和自体客体概念密切相关。"共情"意味着具有从他人视角理解某个体验的能力。说白了就是"把你的脚放进他人的鞋子里（putting yourself in someone else's shoes）"。科胡特认为，对治疗师而言，共情的首要目标是理解病人需要什么样的自体客体体验。他相信,因为病人倾向于借助自体－保护(self-protective)措施或否认的防御机制来应对自体客体需要受挫,病人通常不能向治疗师直言自己需要怎样的自体客体经验。结果,病人常常不能清晰表达自体客体体验的类型,这些在他们的成长过程中供给不足。为了利用治疗关系重新恢复成长,这些被否认的自体客体需要就必须在病人-治疗师关系中被复活并重新参与进来。因而,科胡特的早期理论认为,分析师的共情——尤其是对被否认的自体客体需要的共情——是治疗成功的关键。

显然,共情并不是一个新概念。崭新之处在于共情位于自体心理学架构下的发展理论、精神病理学和心理治疗的**中心**地位。

在《自体的分析》一书中,科胡特彻底改变了精神分析关于自恋的思考。他的目标是在弗洛伊德的驱力理论和自我心理学的架构内,处理结构性神经症(structural neuroses)和精神病之间的精神病理理论裂隙,也就是自恋型病理(narcissistic pathology)。他的许多理论和临床创新是对弗洛伊德自恋概念的重构。

科胡特提出了一个理解自恋的新方式并与之工作,正如 F 小姐的治疗所呈现的。他挑战了当时盛行的(古典)精神分析对自恋的概念化,也就是认为自恋是婴儿化自体-专注(self-absorption)的表现并且需要被超越。科胡特认为,自恋不是需要超越和清除的人格中不成熟的方面。相反,他很肯定地认为自恋是个体的重要资源,需要被滋养以确保它的成熟和转变。尤其是,科胡特认为,自恋的成熟是发展各种非常理想的能力的基本要素,如共情、幽默、创造力和智慧。

科胡特展开了自恋的概念,并且论述了自恋成熟进程(progression of narcissistic maturation)的概念。他提出了自恋发展的两个不同方面:**理想双亲影像**(the idealized parent imago)和**夸大自体**(grandiose self)。

科胡特的理论认为,在与母性照料者(mothering figure)的一体感中,婴儿极力维持一种原始的完美感和全能感。沿着两条途径寻求这个"完美系统（system of perfection）"：把绝对的完美和有力量投注于照料者或原初自体（rudimentary self）。

科胡特建立的理论认为，维持全能感的第一条途径是通过"理想双亲影像（idealized parental imago）的自恋路线"。这个理想化自体客体需要指的是当孩子痛苦时，他们试图参与到依恋对象（attachment figures）的力量和稳定中。理想双亲被敬畏、钦佩地凝视着，并且成为被模仿的榜样。这种理想的与双亲人物的融合帮助孩子恢复平静感、次序感和安全感。因而，理想化自体客体体验涉及感到自身是所钦佩之人（a admired other）的一部分（发展早期）并受他保护，所钦佩之人借由力量、活力和善良等品质而被感知为令人平静的、安抚的和保障安全的。

经年累月，这种理想化自体客体体验的累积和可预测性，逐渐使得孩子表征化或结构化了这种抚慰或者是安全-增强（safety-enhancing）体验。一直这样做——拥有在悲伤时从亲人那里得到慰藉和安抚的记忆——能够使个体在感到紧张和沮丧时有效地自我安抚。科胡特的理论提出，理想化自体客体体验累积在发展后期带来的另一个极为重要的结果就是对理想人物的积极认同，这为青春期和成人期的目标和理想的发展铺平了道路。

科胡特假设，维持全能感的第二条途径是夸大-表现癖自体（grandiose-exhibitionistic self）的发展路线［《自体的分析》（1971）出版前，科胡特使用术语"自恋自体（narcissistic self）"来指代这条自恋发展路线］。科胡特的理论提出，通过把完美感和力量感投注于原初自体，儿童试图保留原始力量感、完美感以及和母亲的一体感。面对孩子表现癖的展示（例如，"爸爸，看看我能做到什么！"），照顾者给予他阶段-恰当（phase-appropriate）的呼应、反射、认可和赞赏，从而确认并增强了孩子的夸大-表现癖自体。

这些照料者-孩子（caregiver-child）的交互作用类型的最理想结果就是孩子通向正常的成熟阶段，即转化并结构化了古老的夸大和表现癖。逐渐地，这些过程带来的结果就是有能力追求自我-协调（ego-syntonic）的抱负和目标，有能力享受不同的功能和活动，并且达到现实的、相对稳定的自尊。

发展的这两个主要方面可以在临床上再现并向前推进，通过科胡特起初称为**自恋移情**（narcissistic transferences），而后称为**自体客体移情**（selfobject transferences）的现象。科胡特把自体客体移情视为一种载体，来治疗性地再活化受阻的发展进程。他把"理想化移情（idealizing transference）"定义为通过感到与理想他人的联结，重建一种孩子在其中感到被增强的早期状态——通常是平静的、被抚慰的或者感到安全的。科胡特把"镜映自体客体移情（mirroring selfobject transference）"定义为治疗性复活一种经由双亲承认、认可和表扬而感到被肯定的早期状态。

科胡特在最后出版的著作（1984）中，增加了第三种自体客体移情类型，**另我移情**（alter ego）或称**孪生自体客体移情**（twinship selfobject transference）。他将它定义为重建童年期需要，既需要被某个像自己一样的人看到和理解，也需要去看到和理解这个像自己一样的人。有时，明显能看到病人试图让自己像治疗师一样，例如在外表、举止或者观点上。

在《自体的重建》（*The Restoration of the Self*，1977）一书中，科胡特宣告并解释他从经典精神分析元心理学（metapsychology）转变到他所谓的"关于自体的心理学（psychology of the self）"。在这之前，科胡特一直在驱力理论（drive theory）和自我心理学（ego psychology）的架构内论述他的新概念化。现在，他把他的动机焦点转向自体体验的首要性。他与弗洛伊德学派主流分道扬镳，拒绝驱力概念，因为它不适用于临床精神分析。他现在把驱力体验看作自体感的衍生物（derivative）并且暗示潜藏的自体失调。他在精神分析架构下提出了一个新的理论模型。

这个转变也包括科胡特不再将他的理论创建限定在自恋领域（他称为"狭义自体心理学"）。现在，他扩展了理论焦点，关注以整体的方式论及自体（"广义自体心理学"），并论述了一套完整的精神分析理论。自体心理学从而成为精神分析理论体系的一个重要流派或者视角。

概言之，科胡特首先彻底重构了自恋概念，接着综合论述了自体客体概念并识别出不同的自体客体需要。在这些新的论述中，他必然会重视个体的主体性和共情。于是这些重点帮助科胡特发展出关于自体的心理学（a psychology of the self）或者自体心理学（self psychology）。

这一章简要介绍了科胡特的思想是如何发展而来的。接下来的一章将阐述他的思想和其他人的著作中的思想，这些思想来自自体心理学视角以及主体间性和动机系统理论的联合视角。

第2章 自恋概念的重构

重构自恋概念是科胡特对精神分析最激进的理论贡献之一。实际上，几乎所有科胡特的理论和临床创新都源自他对弗洛伊德的自恋概念的重新思考。科胡特着手理论创建是为了填补他所看到的精神分析精神病理学理论在神经症和精神病之间的裂隙，即自恋障碍（Summers，1994）。

本章将讨论科胡特对弗洛伊德的自恋概念所持的批评意见，并涉及科胡特对自恋的原创性概念化，和对自恋连续体、自恋的独立发展路线、自恋的转化以及自体心理学强调的羞耻感的原创性论述。

弗洛伊德定义的自恋

西格蒙德·弗洛伊德曾提出原发自恋（primary narcissism）是一个正常发展阶段。弗洛伊德概念化自恋时，他正从地形学模型的视角进行理论创建，理论核心概念是潜意识、前意识和意识。他把自恋定义为力比多自我灌注（libidinal cathexis of the ego），也就是能量和关注投注于自我。弗洛伊德类比到，存在"一个原初力比多自我灌注，之后一部分灌注向客体，但它在根本上持续存在着，而且和客体灌注的关系就像千足虫的身体和它伸出的伪足"（1914: 75）。所以，弗洛伊德认为原发自恋是自体性欲（autoeroticism）和客体爱（object love）的中间发展阶段。他提出自恋和客体爱的单轴（single-axis）概念，他使用这个概念假设一条从自体性欲发展到自恋，再从自恋发展到客体爱的发展序列。弗洛伊德借用古希腊神话中那喀索斯神（Narcissus）的名字形成术语**自恋**（narcissism）。那喀索斯爱上了自己的倒影，对前来追求他的年轻貌美的仙女无动于衷。

重要的是，弗洛伊德把自恋力比多和客体力比多概念化为对立或者此消彼长的关系。"一方使用得越多，另一方损耗得越多"（1914: 76）。所以自恋包括力比多从他人处撤回，同时重新流向自我或自体。换言之，一个人越多地关注自己，流向他人的能量或资源越少。自体-涉入（self-involvement）必然以关系为代价。自恋阻碍了爱的能力。

在临床实践上，经典精神分析师观察自恋病人的依据是关于自恋的两个典型的动力学假设：自恋被看作（1）固着在原发认同（primary identification）或自体与客体未分化（更严重的障碍，通常是精神病性父母）阶段的结果；（2）从对俄狄浦斯冲突的焦虑撤回到防御性的自体-专注位（更轻微的障碍，非精神病性父母）的结果（Bacal，1995）。

海因兹·哈特曼（1950）的自我心理学对精神分析理论进行了部分修正，自恋被重新定义为力比多自体灌注（libidinal cathexis of the self），而不是自我灌注。他修正了弗洛伊德的结构理论，认为自体是自我的一个方面。哈特曼把自恋灌注目标从自我转变到自体，但保留了弗洛伊德原始能量的、元心理学的架构。科胡特吸收了哈特曼的工作成果。可是，哈特曼修正的自恋概念没有解决科胡特持有的疑问。

科胡特对自恋的解释

科胡特彻底改变了关于自恋的精神分析思考。他反对蔑视自恋的普遍论调——自恋是婴儿化的自体-专注（self-absorption）——因为自恋中蕴含着新的成长可能性（Friedman，1986）。他把自恋"从一种幼稚的形式"重新概念化为"活力、意义和创造力的源泉"（Mitchell and Black，1995: 169）。在他看来，自恋不是人格中需要被超越和清除的一个方面。而是至关重要的个体资源，有待滋养以确保它的成熟。科胡特相信自恋的成熟会带来宝贵的品质，例如成熟、幽默、创造力和智慧。

科胡特重构自恋是试图修正他所坚信的在理解自恋上的失衡。按照弗洛伊德对精神健康的非正式定义——爱与工作的能力，精神分析理论强调发展道路的终点是具备爱的能力。科胡特把注意力转移到自恋发展道路上，它的终点是具备相对稳定的自尊和创造力（Goldberg，1974）。这样做时，科胡特挑战了弗洛伊德认为自恋和客体爱互相对立的观点。

科胡特对弗洛伊德自恋概念的异议

科胡特逐渐确信弗洛伊德的自恋概念——总体的力比多发展理论的一部分——已导致数个遗憾的理论和临床结果。首先是存在说教式的蔑视自恋的观点。在这种观点中，自恋就暗示着不成熟和自体-中心（self-centeredness），因此被认为是一个需要被超越的阶段。自恋被看作需要被清除的病理，只有这样才能收获成熟，尤其是获得爱的能力。科胡特质疑自体爱是否妨碍了爱他人的能力。实际上，与弗洛伊德的观点形成对照的是，他观察到的是对自身的确信感将极大地增加一个人与他人充分相处的能力。科胡特认为，自恋型病理付出的代价与其说是关系，不如说是成熟的自恋形式，例如自尊调节、共情、创造力和智慧（Lachmann and Beebe，1995）。"在弗洛伊德的单轴理论范围内，持续存在自恋必然被看作早期性心理发展的病理遗留或者是后期退行于此"（P. Ornstein，1978: 67）。弗洛伊德对自恋的看法在临床上导致分析师对病人行为中自恋的方面持有批评的对立性立场。

科胡特相信，弗洛伊德的概念有另一个令人遗憾的临床含义，即自恋仅仅起着阻抗治疗的作用。弗洛伊德认为自恋是分析师的敌人。朝向自恋的这种态度也促使分析师对病人行为中自恋的方面持反分析的对立性立场。

另外，弗洛伊德的自恋概念导致对某些类型的病人的治疗持有相当悲观的态度。弗洛伊德认为显著自恋（意味着自恋型病理）表明病人没有足够的客体力比多，无法形成成功治疗所必需的移情。附着在分析师上的移情，是催化精神分析治疗作用的基本要素。移情被认为是一种媒介，借由它，病人内在强烈冲突的感受和幻想被激活并朝向分析师，接着经由分析师的诠释而意识化，从而置于自我的支配之下——弗洛伊德的著名格言"本我所在之处，就是自我应在之地"。弗洛伊德对"移情神经症（transference neuroses）"和"自恋神经症（narcissistic neuroses）"进行比较，认为前者是精神分析可以治疗的，例如癔症和强迫症；而后者是精神分析不可治疗的，例如精神病和重性抑郁症。弗洛伊德把这些自恋状态概念化为客体力比多不足，因此他相信它是无法经由精神分析方法治疗的。从20世纪60年代开始，前来分析的病人越来越多受困于自恋型病理。这就把精神分析置于很大的困境：越来越多的潜在治疗人群被认为无法经由精神分析方法进行治疗，而且这个比例会持续增加。

旧瓶装新酒

在《自体的分析》（1971）一书中，科胡特从弗洛伊德的驱力理论——能量的元心理学——中构造他关于自恋的新设想。科胡特这样做可能是出于两个原因。第一，他想要保持精神分析传统的连贯性。实际上，科胡特起初并没有认为他的设想意味着与经典传统的彻底分离。科胡特曾坚定地忠诚于弗洛伊德精神分析传统。他敬重弗洛伊德，并和弗洛伊德的女儿安娜保持着良好的关系，这个关系对他来说相当重要。第二，他做出这个选择（关于如何构造他的新思想）是希望让他的新思想更易于被精神分析组织接受。当现有理论的各个方面受到质疑时，作为精神分析组织的领导成员，他很清楚这个组织强有力的条件反射式的保守主义。可是，他把"他新思想的酒放在精神分析元心理学的旧瓶中"（R. D. Stolorow，私人谈话）所带来的负面后果就是，从一开始就让他的设想更加地难以被理解。

科胡特在《自体的重建》（1977）中用自体客体概念（selfobject concept）

取代"自恋的（narcissistic）"。这个转变不仅仅是术语上的改变。自体客体概念强调了他的观点，也就是所谓的自恋现象反映了一种基本心理需要的挫败和扭曲。在关系性情境脉络中，这些是自体的健康需要（Bacal，1995）。

自恋连续体

科胡特把自恋重新概念化为从健康到病理的一个连续体。在健康自恋中，自信和自尊连同稳定、成长-促进（growth-promoting）的关系已经在极大程度得到发展。这并不是说拥有健康自恋的个体在遭遇失望和挫折时，会免受自我怀疑（self-doubt），不会暂时失去自信。当这样的事情发生时，他们仍然容易感到受伤和暂时退缩，同时体会到一定程度的抑郁感受，并感到羞耻和愤怒。但是，自恋发展健康的个体通常能够相对快速地"回弹复原（bounce back）"，并在合适的时间内恢复饱满自信的感觉。

相反，病理性自恋呈现出紊乱的自体-关注（self-preoccupation），并且难以调节自信和自尊，间或难以调整自体-统整。这些困难的起因是在满足自体客体需要所必需的回应方面体会到重大失败，以及和这个失败有关的被动防御机制。导致的病理性自恋具有高度不稳定的自体概念（self-concept）的特征，伴随妄自尊大（self-importance）的夸大幻想、高人一等的优越感和只能将他人体验为需要-满足（need-gratifying）的提供者。这种有明显自恋困难的个体显得特别容易受到痛苦的羞耻感和羞辱感的伤害。为了尽力保护自己免受这些痛苦，他们常常试图创造一种无动于衷乃至无懈可击的感觉。这些状态就表现为自负的表达方式、似乎在贬低他人的态度和高人一等的优越感。显然，具有这些表达特征的行为举止通常不受他人欢迎。悲哀的是，当这样的个体最需要给予理解和支持性回应时，他们反而常常体验到冷落。简而言之，基本的人际关系被这些自恋失衡的病理特征所损害。

自恋发展路线

对比于弗洛伊德认为自恋和客体爱在同一条发展路线上，科胡特认为自恋有自己的独立发展路线。他指出力比多发展道路上的一个早期部分在分析理论中一直没有被讨论。他声称精神分析学家一直没有考虑到蓄存力比多继续投注在自体上（也就是仍然保持自恋）所产生的效应，即它会继续强有力地影响个体的自体感。他把这个忽视归因于**自恋**这个术语被赋予负面内涵（Berger，1987）。所以科胡特的构想与弗洛伊德单轴发展线的概念（从自体性欲到自恋，再到客体爱）截然不同。

科胡特认为，自恋具有独立的发展路线，并且和客体爱的发展路线相当不同。科胡特建立的理论认为，自恋与客体爱并行发展而不是与之对立。实际上，他又假设了一条轴线，这样就有两条发展路线将自体性欲引向自恋，再引向更加成熟的自恋。他详细说明了这两条并行的发展路径：夸大-表现癖自体和理想父母影像。科胡特指出，对自体客体移情的分析和这些移情的修通，使得他不得不把自恋和客体爱考虑为两条独立的发展轴。这就和以前的观点迥然不同，在对自恋型人格障碍的分析中，传统观点把自恋看作对成熟的阻抗（P. Ornstein，1978）。

自恋与客体爱关系的重构

在科胡特的自恋重构中，重要的是他对自恋和客体爱关系的重新思考。弗洛伊德（1914）把自恋和客体爱概念化为彼此对立的而且成反比或者此消彼长的关系。换言之，一个人的自恋力比多（narcissistic libido）越多，可用的客体力比多（object libido）越少，反之亦然。自我-涉入越多，照顾他人的能量就越少。这就隐含着对自己感觉良好妨碍了爱他人的能力。但是这个看法和通常的体验相矛盾。恋爱中的我们倾向于感到彼此都非常好。

正如前面提到的，弗洛伊德假设了一条客体爱发展路线，即从自体性欲（autoeroticism）到自恋，最后到达客体爱。因此，弗洛伊德认为自恋阻碍了爱的能力与成熟。所以他把自恋看作治疗阻抗的重要来源。

相反，科胡特宣称自恋有自己的发展路线，与客体爱的发展相分离。科胡特坚称自恋并不是弗洛伊德认为的那样与客体爱相冲突，并且力图改变自恋的轻蔑和说教内涵。

理想双亲影像的自恋发展路线

科胡特建立的理论提出，理想双亲影像的自恋发展路线是两个"完美系统（systems of perfection）"之一，起因于婴儿原发自恋中的失调。科胡特相信这些失调源于不可避免的母亲在照顾婴儿过程中的不足。他认为婴儿会经由两种或其中一种方式极力维持原始完美感、全能感以及和母性照料者的一体感：将绝对完美和全能力量投注给照料者（Lee and Martin，1991），或者将绝对完美和全能力量投注给原始自体（见下文）。

婴儿或儿童在感到抑郁——沮丧、焦虑或恐惧等——的时候需要一个可理想化的力量、安全和慰藉的来源，他能向他求助（并与之联结）。在这些时候，孩子需要参与到他的依恋对象的力量和稳定中。这个理想化联结或者与依恋对象的融合帮助孩子恢复平静和次序感。这就是理想化自体客体体验原型。

在元心理学层面，科胡特把这种交互作用的特征概念化为给孩子碎裂的自体-结构（self-structure）提供一种重新整合的体验。用科胡特的语言表达就是这个理想化自体客体经验帮助孩子的"虚弱自体（enfeebled self）""恢复（restores）"到统整和安全的适宜水平。不断累积这些类型的理想化自体客体体验，逐渐帮助孩子内化或者表征这个安抚或者安全-增强的自体客体体验。一直这样做，就能促使个体在以后感到悲痛的时候提供自体-安抚（self-soothing）。除此之外，科胡特相信，这样的内化为青春期和成人期的发展目标和理想铺平了道路。

夸大-表现癖自体的发展路线

科胡特概念化的夸大-表现癖自体的自恋发展路线是第二个"完美系统（systems of perfection）"，起因于母亲作为镜映他人不可避免的不足。他提出理论认为，这表示经由将完美感和力量感投注给原始自体，以试图保留原始力量感、完美感以及和母亲的一体感。

通过呼应、反射、认可和欣赏，阶段-恰当（phase-appropriate）的母性回应确认了孩子的夸大-自负自体（grandiose-expansive self）。恰到好处地，这些回应促使孩子古老的夸大性和表现癖通向正常的转变内化的成熟过程。尤其是当人格（科胡特称之为夸大自体）的这些方面被父母接受和喜爱时，孩子的夸大欲、表现癖和全能感就会经历转化。这种无意识逐渐转变内化的结果是有能力追求自体协调（self-syntonic）的抱负和目标，有能力享受不同功能和活动，并且达到现实的、稳定的自尊。科胡特认为这些是自恋发展路线的终点。它们是成熟的统整自体具有的功能（P. Ornstein，1978）。

自恋的成熟

在科胡特看来，发展和精神分析治疗的首要目标之一就是自恋的成熟。如前所述，科胡特认为自恋——如果发展充分——是丰富人生的关键资源，而不是一种需要被消除的不成熟和自体-中心（self-centeredness）的形式。有足够的自体客体体验且在没有创伤的情况下，自体的夸大和理想化两极就从古老形式发展为成熟的形式。自体的夸大-表现癖一极的成熟结果是现实的抱负、持续追求这些抱负的动力及发展出稳定的自尊。自体的理想化一极的成熟结果是不但增强共情能力、幽默能力和创造活动，而且更能接受生命的无常，以及有时发展出智慧。科胡特相信自恋的成熟涉及接受一个人既依赖于自体客体环境，也与自体客体环境相互依赖。正如已讨论的，科胡特相信我们从未超越我们对我们的自体客体环境的依赖。而是说自体客体需要的成熟使得我们能够以更加宽泛的方式满足这些需求，既以具体的方式，也以象征的方式。就这个信念的提出而言，科胡特正在质疑当时盛行的自我心理学的观点，自我心理学强调个体独立是成熟的首要标志，因而是精神分析治疗的首要目标。关于这一点，科胡特认为努力寻求绝对自主（autonomy）是古老自恋的标志，而不是成熟的标志。

自体心理学对羞耻的强调

自体心理学重构自恋的一个自然而然的结果，就是比以前的精神分析理论更加关注和重视羞耻感。之前，弗洛伊德强调基于性欲和攻击欲望的无意识幻想的动机中心，这导致他几乎只关注焦虑和罪恶感。

自体心理学强调羞耻是科胡特重新概念化自恋并关注自体-体验（self-experience）顺理成章的结果。正如海伦·布洛克·路易斯（1971）首先指出，羞耻关乎整个自体（whole self）。它是关于个体的自体的痛苦感受。因此羞耻和自恋被认为相互交织、难解难分。更特别的是，羞耻是位于被扰乱的自恋体验最核心的情绪（Morrison and Stolorow，1997）。而且，有时当人们受困于毁灭性的羞耻感时，为了竭力抹掉这个感觉，他们会使用自恋的完美结构、目中无人和优越感（Doctors，2001）。

自体心理学对羞耻的关注始于科胡特第一本书——《自体的分析》。他把羞耻看作"受困扰的自恋平衡所具有的两个重要体验和行为表现"之一（1971：379）。

在理论创建发展中正常的表现癖和夸大时，科胡特相信，当孩子怀着对赞许性关注的期望遭受双亲的责难时，孩子就会体验到痛苦的羞耻感。通常，病人恰恰就是在热切希望看到他人眼中光芒的那一刻体验到羞辱的，这就是羞耻如此令人痛苦的原因。孩子常常试图保护自己免于这个羞耻的结果，于是通过压抑和否认的防御保护自大的和爱表现的状态和幻想。随后，再次体验到或显露被压抑或被否认的表现癖、自负和夸大，就可能触发强烈的羞耻而导致撤回。对伊温妮来说，治疗的前几年是痛苦的。当显示出她渴望他人和我的认可，但她确信无法得到时，她就会撤回去——变得安静，突然将主题改变为情感负荷更低的话题，下一次会谈来得很迟。

羞耻的来源

科胡特假设羞耻感有两类基本来源。分别是**侵蚀性夸大**（erosive grandiosity）和**碾压性自恋伤害**（crushing narcissistic injury）。第一类是因为夸大过于压倒性，以至于无法整合为自体的一部分，也就是极度夸大损害了个体的完整感。第二类来源更加普遍，之所以产生有羞耻感的反应，是因为个体感到被非同调的、贬低的、回应不足的自体客体环境所忽视或伤害。

自体心理学认为，当我们寻求自体客体回应，获得的回应却不同调和缺乏理解时，羞耻是我们的主要反应之一。不同调和无回应挫败了个体的各种期望，即希望或期待获得肯定、镜映和被理想他人接受以及参与其中。而且也渴望在另我自体客体体验中共通的人性和相似性。如果这个需要没有得到回应，我们会体验到骤然的混乱和泄气，向内退缩且撤回，撤离不安的人际环境（Morrison，1994）。

自体心理学理论认为，尤其是对那些发展出羞耻-脆弱性（shame-vulnerability）的人来说，他们的依恋对象根本无回应或不同调，尤其在情感-调节（affect-regulation）方面。在这种情境里，孩子本来渴望同调的体贴的双亲肯定她的独特性，反而发现她并不被看作特别的，于是感到自卑、无价值及有缺陷。在依恋对象相对无回应的家庭中的孩子，仅仅是觉察到渴望和需要就能唤起羞耻感。这个孩子已经了解到她的依恋对象将不会很好地回应她的需要。认定自身无价值将是她典型的应对方式，这样双亲的无回应就合乎情理了，也因此保护了她对父母的理想化（Morrison，1994；也可参考第7章埃文的个案）。此外，这样的孩子很有可能创造遥不可及的理想，以便有资格获得失去的回应。一旦设定，这些遥不可及的理想也增加了孩子的羞耻倾向。

比较自体心理学和经典精神分析对羞耻的理解

自体心理学和经典精神分析对羞耻的理解完全不同。在经典精神分析和自我心理学中，羞耻有两个主要来源：反向形成以对抗古老的本能欲望，主要是肛门性倒错和暴露欲；未能达到超我中自我理想[*]的标准。经典精神分析不会认为羞耻体验或羞耻脆弱性可能由双亲对孩子感受需要不同调的特点所导致，但是自体心理学会这样考虑。因而，自体心理学下的羞耻可被看作这个变化的一部分：从经典精神分析的孤立心理模型（mind-in-isolation model）转向关系理论的关系心理模型（mind-in-relation model）。

羞耻的发展视角

安德鲁·莫里森（1989）是关于羞耻的重要的自体心理学家，他从发展的角度提出首次体验到羞耻是在12—18个月。幼儿就是在这个阶段发展自体感的，进一步从之前和双亲的一体感中分化出来。双亲人物（孩子向他们寻求自体-客体回应）的无回应使孩子开始体验到羞耻。总的来说，羞耻被认为是对孩子情感的任何重要方面不同调的结果。孩子的情感既包括混乱和伤害唤起的痛苦反应（例如，悲伤、焦虑、绝望和渴望），也包括伴随着发展进程的快乐情感体验（Morrison and Stolorow，1997）。

由于不同调，自我意识同时觉察到无回应的"他者"。每当双亲没有促成孩子需要和渴望的自体客体体验时，这种痛苦的不同调体验将会造成

---

[*] 自我理想，原文为 ego ideal，是超我的一部分。——译者注

父母被感受为异类。在这个意义上，若幼儿感到他无法体现那些讨人喜欢或被双亲认可的特质，孩子就会相信他一定是有什么问题。莫里森认为孩子不被认可的结果就是倾向于感到被物化［不值得主体性投入（subjective engagement）］。和依恋对象的分离会让他感到非常孤独和惊慌。孩子现在被一群陌生人环绕着，而不是处在有很多类似的人（另我自体客体—促进性他人）的熟悉情境中。物化和自体客体联结的断裂，共同带来隔离感和疏远感，并紧随各种痛苦感受。这些痛苦感受包括觉得自己是异类、有缺陷、不重要、无价值、可怜和荒谬，以及抑郁和绝望。所有这些反应都是羞耻的标志（Morrison，1994）。

在正常的发展过程中，自我意识萌发的步伐既伴随着开始形成理想的能力，也伴随着与他人的比较和竞争。我们开始建构理想自体的意象，这是我们极力获得的潜在完美感。在这个发展过程中，我们也开始建立失败和缺陷的标准，这些成了羞耻的内在标准（Morrison，1994）。

再三发生的自体客体失败——镜映、理想化和另我需要——导致僵化地坚持理想，导致必然且反复地体验到无法实现这些理想，从而引发羞耻。相反，当依恋对象热情和愉悦地回应孩子的存在和行为时，这些理想倾向于变得更流动、更现实。这个过程反过来让我们有更多机会去实现这些理想，以及获得随之而来的胜任感和自豪感。如果足够幸运地在常常回应、肯定的依恋对象的陪伴下长大成人，我们无法回避的羞耻体验就倾向于可管控并且持续时间有限。

莫里森（1994）指出，在我们建构理想的过程中，随着想象力和创造力的发展，我们能够开始掌控羞耻的发生。莫里森观察到，个体并不是他人回应——自体客体回应——单纯的接受者。随着发展的进程，个体越来越成为自体客体回应的创造者、建构者和想象者，以此来满足特定的自体客体需要。莫里森认为，在和他人的互动中，我们接受他们的回应并在一定程度上通过我们的想象、幻想塑造他们。通过扫描环境，识别潜在的自体客体支持来源，我们参与到自体客体体验的形成过程中。通过我们创造性地加强和修饰，我们影响了它们的形状和特质。我们创造性地给另一个人灌以各种特质和特性，促使那个人、那个体验或那个地点满足我们的自体客体需要。

第3章　自体与自体客体

自体和自体客体的关系

自体客体是自体心理学的核心概念。事实上，就如多位自体心理学家所评论的，"自体心理学"的命名不当；"自体客体心理学"更贴切。在科胡特的设想中，自体这个概念仅当和自体客体概念及自体—自体客体基质（self–selfobject matrix）概念放在一起论述时才是有意义的。自体被认为是潜在的，它的实现需要自体客体体验。

首先，自体被认为是嵌在自体客体基质中的。它几乎总是——尽管程度不同——需要自体客体体验。从这个角度来看，抛开自体在其中产生、发展和获得支持的自体—自体客体基质，自体不能被有意义地思考（Teicholz，1999）。所以自体和自体客体这两个概念紧密交织，需要彼此具有真实的意义。

自体心理学基石——自体客体

海因兹·科胡特在《自体的分析》（1971）中论述了自体客体概念。在这之后的著作中他不断改变自体客体的定义。其他的自体心理学理论家结合主体间性理论和动机理论的视角，也对自体客体的概念加以修正。

自体客体概念是科胡特重构精神分析动机观的基石。他设想自体和关系位于个体的动机中心（motivational center）。在他看来，成长动机来自迫切需要通过自体客体需要的满足来实现个体本能设计（intrinsic design）。这与弗洛伊德的观点相反，弗洛伊德认为性和攻击驱力是根本动机，是人格、经验和精神病理的组织者。这些根本的发展-心理需要（developmental-psychological needs）被科胡特称为自体客体需要，并不是——像弗洛伊德认为的——本能的衍生物。在科胡特的设想中，这些需要必须被满足以保证（个体）在儿童期、青春期和成人期或者在心理治疗关系中能够有足够好的发展（Teicholz，1999）。关于自体客体体验在治疗关系中的作用，罗伯特·史托罗楼和他的同事给出了恰当的陈述，治疗师的"回应能够（被病人）主观地体验为病人至关重要的自体-组织的功能成分"（Stolorow，Brandchaft，and Atwood，1987：17）。

科胡特自体客体概念的演化

自体客体概念经过一段时间已经有相当大的发展——并且由于自体心理学的观点并非完全统一，许多自体心理学家支持稍有不同的自体客体概念版本。在科胡特的第一本书《自体的分析》中，他使用"自体-客体（self-object）"，指的是一个客体（另一个人，或另一个人的表征）。科胡特在这个阶段尽力在自我心理学的架构下提出他关于自恋的新论述。他认为自体-客体是为个体执行自恋功能的一个客体。他推测自体-客体被体验为自体的一部分，而不是一个独立分离的人。科胡特举例说明他意图表达的是"期望控制……（自体-客体）他人，在概念上，更接近于一个成年人期望控制自己的身体和想法，而不是期望控制其他人"（1971：27）。

在关于自体客体概念的后期著作中，有时是与欧内斯特·沃尔夫合著的，科胡特阐明这个术语是指一个功能而不是指一个人。在科胡特去世后出版的《精神分析治愈之道》（1994）中，他把自体客体（selfobject）定义为"对另一个人的体验维度，与这个人所具有的支持我们自体的功能有关"（49）。以相同的脉络，沃尔夫（1988）给出了更精确的描述，"关系所执行的功能的主观方面"，他进一步澄清，"如此，自体客体关系指的是内在心理体验（intrapsychic experience），并不是描述自体和其他客体之间的人际关系。它表示对各种影像（images）的主体体验，自体的维持需要这些影像"（53）。这些支持性影像的建立要求另一个人的积极参与。科胡特（1980）认为，自体和它的自体客体基质（提供和／或促成自体客体体验的依恋对象）是无形且不可分割的单元，类似于人类的身体和周遭的含氧空气的不可分离。因此，自体客体概念的关键是自体功能运作的维持需要来自他人的回应。

这两个概念的区分非常重要，即自体被他人提供的功能支持，和自体与他人的表征或影像的融合，二者非常不同。当深刻地依靠他人提供的自体客体功能时，这个人的自体和他人已分化清楚（Mollon，2001）。

科胡特定义的自体

科胡特认为自体不能被定义。用他的话来说，就是"自体……从本质来说是不可认知的……我们不能区分自体与自体的表现形式"（1977: 311）。尽管如此，还是能够稳妥地就科胡特的自体概念做些陈述。科胡特的自体概念建立在海因兹·哈特曼（1950）区分自我——自我心理学的主题——和自体的基础之上。在科胡特的早期工作中，他使用弗洛伊德心理结构模型中的术语：本我（id）、自我（ego）和超我（superego）。但是后来，他使用更上层的概念——自体（self）——取代了这些术语。

在科胡特（1977）看来，自体是一个深度心理学（depth-psychological）概念，涉及人格的核心。他提出自体是体验的中心。它与"一系列内省地或者共情地感知的内在体验——之后我们称之为'我（I）'——相一致但并不等同"（311）。"自体"也涉及人类启动中心，具有动机力量去寻求"自身特定行动程式的实现"（Kohut and Wolf，1978: 414）。科胡特认为，自体由不同成分组成，是由遗传与环境因素的交互作用以及孩子与依恋对象最早的自体客体体验形成的凝聚的、持续的结构。每个人的自体都有相当一段历史，也就是有过去、现在和未来。按科胡特的合作者欧内斯特·沃尔夫的话来说，就是：

> 在它的核心属性中，自体是启动中心、印象的接收者以及个体核心抱负、理想、天分和才能的独特集合体的储藏室。这些激励且允许自体发挥着作为自体-推进（self-propelling）、自体-引导（self-directed）、自体-支持（self-sustaining）单位的作用，它们赋予人格核心意图，给予个体人生意义感。抱负、才能和目标这三者的模式，它们之间的张力、它们创造的行动方式以及因此导致的塑造个体生活的活动，使个体体验到在空间和时间上的连续感，并给予个体作为独立启动中心（independent center of initiative）和独立印象中心（independent center of impressions）的自我感。（1988: 182）

再次重申，像我刚才这样讨论自体多少会有些把人引入歧途，因为科胡特强调，自体应该在自体客体体验的情境中加以考虑。科胡特的自体客体概念描绘的自体是流动的（fluid）、不受限的（unbounded）和情境性的（contextualized）。所以自体很容易受到相互影响。把自体设想为有能力获得精神自主的独立实体是没有意义的（Teicholz，2001）。

自体的成分

科胡特依据如下的抽象理论模型来构想自体的成分：(1) 从中散发出努力获取认可和力量的一极；(2) 维持引导性理想的一极；(3) 前述两极之间的张力弧，激活基本的天分和才能。科胡特最初认为自体是"双极自体（bipolar self）"，以此强调他论述的双极结构（bipolar structure），并区别于其他文献对自体的描述（Wolf, 1988）。后来，当他增加了第三个自体客体需要和移情——孪生或另我自体客体需要——时，这个概念就被修改为"三极自体（tripolar self）"。

科胡特对自体发展的构想

在科胡特看来，自体是在发展过程中逐渐显现出来的，这个过程开始于孩子父母对他的希望、梦想和期望。婴儿出生之后，双亲的期望和回应继续对婴儿发展中的自体施加巨大影响。科胡特设想，正在显现的自体是婴儿的先天装置（innate equipment）（生理机能、气质等）和依恋对象对婴儿自体客体需要的选择性回应之间的相互作用的结果。结果就是特定的潜能因被鼓励而得到发展，而另一些却没有。科胡特的理论指出，由于这个选择性过程，在生命的第二年可能显现出持续一致的人格组织，他称之为"核心自体（nuclear self）"。科胡特设想的核心自体起初是双极结构：一极是早期的理想，另一极是早期的抱负。第三极自体——孪生或者另我——发展于潜伏期（latency phase）。它基于相似感或亲密感的需要。

科胡特强调："与其说是父母做了什么，不如说父母是怎样的一个人影响了孩子的自体特征"（Kohut and Wolf，1978: 417）。例如，如果父母有稳定的自信，"就能接纳地回应他们孩子正在萌发的自体夸耀表现癖（proud exhibitionism）"（417）。同样地，能够稳定地容忍他们的情绪生活变化的父

母,更有能力回应孩子情绪状态的变化。再次引用科胡特和沃尔夫的一段很贴切的话:

> 无论我们多么失望地发现早期生命的理想自体客体(回应我们理想化需要的依恋对象)的缺陷和局限性,但是他们抱着婴儿时的我们时的自信,以及当他们允许我们的焦虑自体和他们的宁静融合时所带来的安全感——通过他们平静的声音或者抱持时我们贴近他们放松的身体——都将会被留存在我们内心,作为引导性理想的力量和我们平静的内核。当我们在内在目标引导下活出自己的生活时,我们就能体验到。(1978: 417)

科胡特对健康自体的构想

科胡特构想的健康自体给"所有者(owner)"提供一致感(coherence)、连续感(continuity)、生命力(vitality)和积极关注(positive regard)。第一,因对他人共情开放,健康强健的自体带来情感流动和活力体验(Teicholz, 1999)。科胡特(1984)假设情感体验和自体体验之间是相互增强的关系。他相信,经由热情、充沛、正向情感体验,个体的自体感得到加强。增强的自体感反过来促使个体更有能力清晰且深切地体验并表达情感(Lichtenberg, Lachmann, and Fosshage, 1996)。第二,经由个体天分和技能的实践以及个体目标的实现,健康自体有助于带来积极关注和有价值的感觉。第三,经过持续一生的自体体验的整合和表达,健康自体获得丰富性(科胡特认为自体的贫乏感是自体病理的必然结果)。第四,凭借努力解决个体的现实自体和理想自体之间不可避免的张力,健康自体持续扩展和成长。最后,增强健康自体既可以通过持续一生的内化理想的过程来实现,也可以通过与钦佩的他人(建立和维持)的关系来实现(Teicholz, 1999)。

自体客体需要

科胡特的自体客体概念隐含着自体客体需要的概念。自体客体需要是一类特定的重要发展需要，它的满足要求他人的参与。科胡特聚焦于三个特定的发展需要群集（cluster of developmental needs）：与建立和维持自尊感有关（镜映需要）的群集，与安全感、平静和抚慰体验有关（理想化需要）的群集，与他人相像或类似的感觉有关（孪生或另我体验）的群集。科胡特相信我们都依靠他人的回应来帮助我们满足自体客体需要。他通常把这称为个体对自体客体环境或基质的依赖。在科胡特看来，人从出生到死亡都生活在自体客体基质或自体客体回应中。自体-体验的组织是由对其他人的体验感受共同决定的（Stolorow, Atwood, and Orange, 1999）。科胡特（1977）把个体的心理存活需要自体客体回应类比成个体的生理存活需要环绕我们四周的氧气。科胡特坚持，对自体客体需要的回应是我们心理存活和成长的基本营养物。用他的话来说："自体—自体客体关系构成持续一生的心理生活的本质"（1984: 47）。

科胡特相信，（婴儿来到这个世界上）有一种预设的感觉，即婴儿认定自己拥有抚养者，并有权要求抚养者回应自己的自体客体需要，这一需要是健康发展的关键。生命早期体验到回应性的自体客体环境是婴儿正常的初始体验。这个体验建构了一个基础：对适当的自体客体回应的自信预期并持续一生。这个预期反过来成为自体健康的关键。找到并共同创造自体客体体验的意愿，取决于有权获得重要他人的自体客体体验的这个基本感受依旧完整无缺（Bacal and Newman, 1990）。

对自体客体回应的持续性需要

科胡特认为我们从未超越我们对自体客体回应的需要；和婴儿期、儿童期一样，它是成年后幸福所必需的（虽然成人期的回应形式通常和儿童期截然不同）。科胡特的观点和自我心理学的立场有着深刻的差别，后者强调持续增加的自主是成熟的标志。科胡特声称，"在心理空间内，从依赖［共生（symbiosis）］进展到独立［自主（autonomy）］不再是可能的，更不要说是值得的，就类似于在生物学空间内，生命体不可能从依赖氧气发展为不依赖氧气"（1984: 47）。

对自体客体需要的体验的发展

科胡特声称，真正改变的是，体验自体客体回应的能力渐进成熟。在婴儿期，自体-客体需要被体验为急迫的和全然包裹的，婴儿几乎绝对依赖母亲来满足这些。进展到儿童期，逐渐拉开和母亲的距离就变得可以忍受，对自体客体需要的体验通常变得不那么紧急和全然。逐渐地，其他人的回应也能够满足孩子的自体客体需要，例如父亲、祖父母、老师和朋友们（Baker and Baker, 1987）。在西方社会的青春期，同伴群体（peer group）成了镜映和另我回应的适切提供者。

到了青春期，建立在之前的自体客体体验基础之上的各种象征性表征（symbolic representation）有时可以满足自体客体需要。例如，另我回应需要常常在某种程度上被象征性地满足，通过特定的服饰、音乐、偶像等。成年后，个体有望有能力以各种方式——具体-即时地（concrete-immediate）和符号-远程地（symbolic-distant）——满足他不同的自体客体需要。除了与重要他人的个人体验（in-person experiences）之外，自体客体体验也能象征性地（衍生性地）实现，有时是非人类环境中的体验，例如通过接触宠物、自然、各种艺术形式，等等。

科胡特也坚称，

> 虽然我们的自体客体体验成熟了，但毫无疑问的是，古老的

自体客体继续留存在我们心灵深处；每当我们感到被成熟自体客体的健康效应所支持时，它就会回响起仿佛曾体验过的柔和低音。甚至当我们感到被"文化自体客体"（例如，我们文化中的艺术家、音乐家、诗人、小说家和剧作家）或者是被有号召力的政治领导人所鼓舞的时候，借由我们在生命早期"被举高"的体验，古老的自体客体体验将在无意识中回响，并带来一种丰富感和我们感受的真实性。（1980: 502）

治疗师必须做些什么能够让病人有自体客体体验？

为了能让病人获得自体客体体验，治疗师需要做的是：不比通常做得多。也就是说，只做我们通常作为治疗师的功能所做的：仔细倾听病人，与病人的情绪状态以及他们在不同的情绪状态中的转换同调，理解并传达我们对他们在现实世界中的体验和在治疗环境下与我们在一起时的体验的理解。不需要做任何特别的事情来让病人从我们这里获得自体客体经验。我们不会为病人创造镜映或理想化体验。相反，要做的就是觉察我们的病人正在体验的和我们的自体客体关系，或者警醒什么可能正在妨碍它的发生。自体客体概念与病人的体验相关，与病人生活中的特定互动或者特定事务不相关，也与我们作为治疗师和分析师采取的特定行为不相关。自体客体体验是共同创造的。然而，了解它的唯一途径就是通过这个概念的理论透镜来倾听、观察病人对我们——他们的治疗师——的体验。

自体心理学家坚持，理解病人自体客体体验的关键是：承认作为治疗师，我们总是在这些或那些方面对病人的自体状态有所助益。如此而来的临床含义就是，对于治疗师而言，重要的是（1）警觉并探索她对病人的相关影响；（2）习惯承认她对病人体验的助益（Kindler, 1996）。作为治疗师，我们需要感谢自己是病人的状态-影响他人（state-affecting other）以及有时是状态-调整他人（state-regulating other）。

如何获悉病人是否体验到了和治疗师的自体客体的联结

获悉病人与我们特定的自体客体联结的惯常途径是通过治疗过程中的中断或破裂。如果治疗师的初始阶段或其他阶段进展足够顺利，使用科胡特的类比，病人与我们——他们的治疗师——的自体客体联结就如我们呼吸的空气般安静且不可见。通常，当自体客体联结中断或破裂，自体客体联结就会成为焦点并变得清晰——例如，当病人对看起来微不足道的一件小事（从外在的视角来看）有着非常强烈的情绪反应时。

有时，有人能够把自体客体体验付诸话语。我最喜欢的一个例子是著名的弗洛伊德学派分析师菲利斯·格里纳克（Phyllis Greenacre）写给科胡特的一封信，这封信写于一次精神分析会议之后，在那次会议上，科胡特推荐她作为发言人。她写道：

> 在那个周日随着你对我的推荐，某些重要的事情在我身上发生。我尽力思考是什么事情：我认为"我被极大地触动"——"不，我很感动"——然后我想到，与其说是那样的，不如说我被轻柔地、安心地稳固住了。也许你会感到惊讶，我有稳固的需要，但是在当今精神分析的研磨和浇注中，我没有找到熟悉的立足点，感觉已经落伍了……因此，您如此优雅地表达对我的工作和我本人的接纳，深深温暖了我。（转引自 Cocks, 1994: 90-91）

自体客体概念的重要理论特征

自体客体概念的第一个重要理论特征是它兼具一人的方面（one-person aspect）和两人的方面（two-person aspect）。一方面，发生关键的自体客体体验，需要涉及两个人。孩子需要另一个人来获得自体客体体验。另一方面，自体客体体验的一人的方面与它聚焦在一个人的体验上有关，即使在两人场域中。

第二个重要的理论特征即自体客体概念的关系特点是它桥接了一分为二（dichotomy）的主体和客体。结果，自体心理学的一人现象和两人现象之间常常会有张力，这就是科胡特的理论应用到临床工作中会有相当多样的诠释和实践的原因（Teicholz，1999）。

自体客体体验在体验层面的一个重要特点是，它完全是主体的、特定的和独特的体验。一种重复的交互作用是某个人的自体客体体验可能对另一个人并没有这样的意义。类似地，一种交互使某个人体验到被镜映或被肯定，对另一个人来说也许没有这样的影响。同样地，对某人具有理想化功能的交互，在不同的配对关系中却让这个人感到具有压迫性和被当作幼儿。霍华德·巴克沃（1998）把这个特征称为"自体客体体验的特异性（specificity）"。

自体客体的另一个重要特点是它桥接了个体的内在世界和外部世界。它聚焦于一个人如何体验他周遭的环境（Ornstein and Ornstein，1996）。

自体客体和调节

自体客体构造隐含着调节（regulation）的概念。科胡特（1971，1977）确信婴儿和自体客体-提供者母亲（selfobject-providing mother）之间的交互调节，维持了婴儿的内环境平衡。用他的话（1977）是"双亲自体客体采取行动改善孩子的内环境不平衡（homeostatic imbalance）"。这些调节性自体-自体客体体验给予特定的主体间情感体验，极大地促成自体的显现和维持。此外，科胡特相信，调节过程和结构最根本地涉及情感。神经心理学家艾伦·斯霍勒（Allan Schore，2002）概括说，"因此，自体客体是促成情感体验调节的外部生物心理调节器，它们运作在意识觉察之下的非语言层面，以共同创造最大的统整状态"(443)。利希滕贝格、拉赫曼和福斯吉(1996)观察到，有两类自体客体调节体验：抚慰的(soothing)和赋予活力的(vitalization)。前者是对消极情感的交互调节，后者是对积极情感的交互调节。在某种程度上，因为情绪的二元调节过程，婴儿开始变得依恋调节性照料者，调节性照料者既能扩展进入积极情绪的机会，又能最小化消极情绪状态(Schore，2002)。

不同类型的自体客体需要

在前面几章，我已经指出科胡特阐述的三种自体客体需要：镜映需要、理想化需要和另我或孪生需要。理论上可以假设有更多的自体客体需要，这取决于理论家的人性观和发展观。

科胡特之后的自体心理学理论家已经提出了其他的自体-客体需要。包括效能自体客体需要(Wolf，1988)、对抗性自体客体需要(Lachmann，1986)、自体-界定自体客体需要(Trop and Stolorow，1992)和确认个体体验的自体客体需要(Stolorow，Brandchaft，and Atwood，1987)。

以下分别列出七种类型的自体客体需要及其定义。

1. **镜映需要**(mirroring need)：需要感到被承认、被接受、被认可、有价值，尤其是当向重要他人展示自身某些重要方面的时候。
2. **理想化需要**(idealizing need)：需要体验到自身是受钦佩和受尊重他人的一部分并受他保护；需要有机会被接受并融入稳定的、平静的、有力量的、智慧的、有保护性的他人，这个人被体验为拥有主体所缺乏的特质。
3. **另我或孪生需要**(alter ego or twinship need)：需要体验到与他人的基本相似性。
4. **效能需要**(efficacy need)：需要体验到能对重要他人施加影响

并且能够唤起被需要的自体客体体验（Wolf, 1988）。

5. **对抗性需要**（adversarial need）：需要体验到个体的依恋对象是一个亲切的假想敌，允许甚至鼓励个体主动反对并因此肯定至少部分自主，同时还能继续给予支持和回应；需要获得面向依恋对象的坚定自信和对抗性对峙的自体客体体验，同时没有丧失这个依恋对象的自体客体回应（Wolf, 1988: 55）。

6. **自体-界定需要**（self-delineating need）：需要获得帮助来清楚表达知觉和情感体验（Trop and Stolorow, 1992）。

7. **确认需要**（validation need）：需要确认个体的主观真实性；也许最重要的确认方面是个体的情感体验（Stolorow, Brandchaft, and Atwood, 1987）。

这里定义的七种类型的自体客体需要的前三个——镜映、理想化和另我需要——已经被广泛论述和使用。这三个自体客体需要将是本章后续小节的论述重点。

镜映自体客体需要

镜映自体客体需要是指需要感到被肯定和认可，感到自己是被接受和欣赏的，尤其是当（个体）展示某些有关自身价值的事物的时候。科胡特（1971）坚称，每个孩子都需要被镜映的感觉——被愉快的双亲充满喜悦和赞许地注视着，被视为"母亲眼里的光芒"。正如在第1章所阐述的，科胡特关于镜映的思想体现出他最初的经典弗洛伊德元心理学的训练和早期事业。用朱尔·米勒（Jule Miller）的话来说，"科胡特的理论生长于经典弗洛伊德元心理学的土壤。虽然他后来竭力移植他的理论，有一些根依旧依附于过去的土壤。最突出的根就是原发自恋（primary narcissism）的思想"（1996: 34-35）。

根据原发自恋的理论，在婴儿期早期，婴儿体验到和母亲的一体感。共生的感觉随着发展渐渐消退，孩子试图通过形成两个影像以保存部分早期的一体感：夸大自体（grandiose self）和理想双亲影像（idealized parental imago）。夸大自体是一种全能完美的自体影像或自体感。相应地，理想双亲影像是感觉双亲全能完美。科胡特认为，随着共生幻觉的消失，孩子通过投注这两种完美影像以在母-婴二元关系中保存部分原始的一体感和完美感。之后，这些影像将逐渐转化成双极自体的成熟两极（Kohut，1971）。可是，如果发展得不够好，这两个影像将停留在早期、未发展的形式。这就导致自体结构极大的脆弱性，很难维持自尊、自体-统整（self-cohesion）和自体-连续感（self-continuity）。

典型的镜映发展性体验是孩子向父母展示某个新近掌握的技能，例如，第一次骑自行车并寻求父母眼中的回应——骄傲的爱的光芒。科胡特相信，双亲让孩子感到欣喜的回应——体现兴趣、骄傲和兴奋——对孩子的发展极其重要。这反射给孩子一种自我价值感和被重视的感觉，带来有价值的自体感。相反，如果父母以敌意、过度批评或者冷淡的回应模式反射给孩子，孩子就会缺乏价值感和被重视感。这样的态度压制了孩子的价值感和自信的成长。科胡特认为，镜映自体客体体验对发展并维持自尊和自体-自信的抱负（self-assertive ambitions）至关重要。

当然，有效的镜映回应必须在发展上是适当的和切合实际的。对于一个4岁的孩子来说完成了某些事情值得表扬，但用同样的事情表扬8岁的孩子就不适合了。这样做既不准确，也很幼稚。

米勒（1996）也指出，镜映体验涉及两类赞赏：非诱导的和诱导的赞赏。仅仅因为他是一个小婴儿就常常得到充满赞赏的关注，就是一个非诱导赞赏的例子。人们纷纷来看望婴儿，抱起他，对他说儿语，说他多么可爱。米勒观察到，大约几个月以后，婴儿们学会了如何诱导关注和认可。这可能是从出现社会性微笑开始的。米勒说，诱导的赞赏对自尊的发展而言是更为重要的赞赏形式。孩子特意显得可爱和表现出炫耀行为来诱导赞赏和认可，如果被恰当地赞赏了（不多也不少），这些行为将会转变为健康的表现癖（exhibitionism）、自负（expansiveness）和骄傲（pride）。随后，当她跳下三级台阶时，孩子就会说："妈妈看这个！"或者，当她挥舞着手指画画时，孩子会说："爸爸，看看我做了什么！"

缺乏镜映体验的结果

例如，父母回应孩子镜映需要时必然会有的"失败"变成了反复的痛苦，孩子也许就会试图通过变得完美、聪明或可爱来尝试补偿。修复伤害的尝试反映了孩子相信是自己有问题。换言之，孩子推测没有得到应有的确定自体感的镜映回应一定是因为他不够格。

此外，照料者没有镜映那些和表现癖相关的情感——例如骄傲、自负、愉悦兴奋、效能感——常常导致孩子分裂并否认这些情感。于是这种未整合的情感状态就成为长期内在冲突的来源，因为这些情感会被体验为威胁，不仅威胁孩子已经建构的心理组织，也威胁极其需要的关系（Stolorow, Brandchaft, and Atwood, 1987）。这样的冲突以及随后压制与健康表现癖和自负相关的情感，可能是导致受虐型人格倾向的一个因素。

镜映自体客体需要的发展进程：夸大或自负自体

科胡特指出，孩子试图变得像"夸大-表现癖自体"那样完美。在回应性镜映自体客体环境中，夸大自体的强度逐渐降低。科胡特理论认为，若孩子在这样的环境中寻求或需要镜映回应时经历不计其数且无可避免的挫折、误解和伤痛，就会对夸大-表现癖自体加以调整。孩子在可控的强度下被教导理解他自身力量的局限。

科胡特相信，这些镜映中"恰到好处的失败（optimal failures）"促使孩子发展内在的方式，以维持自尊，忍受不可避免的挫折，并追求恰当的抱负。于是孩子发展中的镜映自体客体需要能够逐渐成熟，从古老的对完美和持续关注的需要，发展为自尊和自信，镜映自体客体需要得到修正，偶尔需要深切的认可和称赞（Baker and Baker，1987）。

史托罗楼一直建议用术语"自负自体（expansive self）"来替换"夸大自体（grandiose self）"。这出于两个原因。第一，他相信这个术语更好地捕捉到了科胡特意欲传达的。他相信是自负而不是夸大，更加精准地反映了孩子能力发展中自豪和兴奋的感觉。第二，区分的好处是保留了"夸大"这个术语中的防御功能，不会混淆防御性夸大和健康的自负感，后者常常在治疗中经由镜映自体客体体验被催化。

镜映体验的成分

米勒（1996）指出，当一个人感到被镜映，朝向主体的镜映他人通常结合了赞赏、理解和确认。"赞赏（admiring）"是指如实反射孩子夸大或自负、骄傲的感觉。"理解（understanding）"在这里是指父母或抚养者有能力给予孩子充分的同调和共情，以便认可孩子的骄傲、兴奋和自负。"确认（validating）"是指在那些要求个体付出努力和掌握技能的活动中，确定孩子出现的各种感受。重要他人的确认放大了孩子对成就和能力渐增的内在愉悦。类似地，达芙妮·索卡里兹（Daphne Socarides）和史托罗楼（1984/85）认为，镜映自体客体的功能是帮助孩子整合骄傲、兴奋和自负的情感体验。

垂直分裂的概念

如果孩子没有足够的被恰当镜映的体验，为了应对这个重要的自体-客体需要的挫败,她*可能自动地运作自体-保护(self-protective)机制,科胡特称之为"垂直分裂(vertical split)"。科胡特设想的垂直分裂是在个体心理组织和体验中的分离或区隔。儿童无意识地借助解离过程(dissociative processe)试图保护希望、骄傲和自尊。特别是她分裂和否认早期的自恋状态和幻想。这些自恋幻想的出现通常回应了母亲根据自己的欲望和期待所强化的孩子特定行为或人格的某个方面,但是母亲在此时忽视了孩子自身需要和渴望被认可的关键方面。实际上,孩子的镜映需要被母亲劫持,接着阻碍了其他人格方面的发展潜力。以这种方式,父母对假自体(false self)的镜映回应成为孩子的发展禁锢。她自发性的镜映需要、她天生的夸大-自负自体的镜映需要,以及理想化另一人——也许是她的父亲——的需要,都被拒绝正常地表达和满足。否认的防御机制可能导致一种自相矛盾:既知道又不知道某事——它是自身难以接受的,也是冲突和羞耻感的潜在来源。这就使得个体持有与其主要自体-组织部分相冲突的信念和行为,例如性变态。科胡特的理论指出,垂直分裂就是个体身上存在显著的矛盾信念和矛盾行为的原因(Siegel,1996)。

由于这个分裂过程,原始幻想未能经历发展转化。婴儿期的无限力量感和相关幻想依然与更平凡、更具现实基础的自体感相分隔。它们没有加入精神结构大厦(例如,通过创造正向的、自体增强的组织主题**),因此也没有增加精神的丰富性。尽管如此,这些夸大-自负的幻想继续施加巨大影响。科胡特的理论指出,当夸大被分裂或压抑,精神就被剥夺了自尊的主要来源。没有这些幻想和相关感受,自体-价值(self-valuing)从根本上就是枯竭的。因此,孩子很可能倾向于发展出对轻蔑、批评、指责迹象的高度

---

* 依照原文,交替地使用她和他,依据前后文可能分别指代治疗师、病人、具体的个案等,此处指代孩子。——译者注

** 例如在第9章,伊温妮从治疗中获得了最重要的组织原则——"当我抑郁的时候,我是值得被关注的",这个组织原则有助于她调节情感和维持自尊。——译者注

敏感。缺少可以利用的自体-尊重（self-regard）蓄池，对孩子来说任何暗示自身局限性的迹象都会让他（和之后成人期的他）倾向于做出羞耻和暴怒的反应（Summers，1994）。

科胡特宣称，不能简单地说就是因为这些病人没有被充分镜映，所以他们不尊重自己。关键的发展是，一再地被抑制和/或被扭曲的镜映体验导致大量的防御机制，这保护并保留了古老的夸大性。被剥夺了重要自尊源泉的精神依旧保留了原始冲动，即部分的古老夸大性。由此产生的人格既缺乏真实自尊，同时具有原始夸大的特征，导致极度渴求几乎持久不断的镜映体验。结果，精神面对自恋伤害非常脆弱。科胡特的概念化解释了这种明显的矛盾性，矛盾的两面都是夸大性的，即受苦于病理性自恋的病人感觉比他人优越，对他人态度轻蔑，然而同时又是如此脆弱，很容易感到被贬低和被冒犯（Summers，1994）。

后科胡特对垂直分裂的阐述。阿诺德·戈尔德伯格（Arnold Goldberg）是一位杰出的自体心理学家，曾参与科胡特最初的芝加哥圈子，在科胡特之后，在详细阐述垂直分裂概念方面做了大量的工作。戈尔德伯格（1999）用这个概念来理解行为方式看似矛盾的人们。例如，民众常常在得知某些公众人物犯罪、不道德或可耻的行为事件后很惊讶，之前他们一直以品行良好和令人钦佩的形象出现，例如，一位电影明星因在店铺行窃被捕，一位法官因受贿或性丑闻被捕。戈尔德伯格声称，通常这些人显示出他们的人格有显著的分裂，"垂直分裂，看起来似乎有肩并肩的多个人，但居于一个心智"（1999: 3）。他指出，在行为障碍中，分裂尤其引人注目。这些行为障碍包括成瘾行为、饮食障碍、行为不良和性变态。同时，他认为这些分裂也可在有其他诊断的病人中看到。

戈尔德伯格认为，使用垂直分裂是为了处理痛苦的情感状态，这些情感状态是短路的（short-circuited）并且因此从未被允许充分体验。如果某种情感难以承受，个体常常会使用两种心理策略。一种是否认，另一种是带来缓解的活动。个体之所以否认某事，是因为它太过痛苦，以至于无法仔细思考。这样个体就能够维持精神和情感平衡的状态，从而避免承认在面对无法接受的事实时内在的不适。戈尔德伯格认为，分裂区域的出现，可以被看作对丧失支持性自体客体联结的反应。例如，戈尔德伯格认为，易装行为就是病人为了消除任何与丧失有关的感觉，而代之以兴奋的性欲化活动。丧失支持性联结——自体感必不可少的体验——开启了一个恶性循环。它反过来引发了避开不适感的被否认行为（在本例中的易装行为）在表面上所具有的恢复性。

戈尔德伯格的垂直分裂治疗准则。 在戈尔德伯格看来，关键是自体的分裂区域成为治疗过程中积极的并被承认的参与者。这是至关重要的，因为治疗的目标就是促成分裂的联合（union）。如何实现联合？戈尔德伯格主张将（病人）对治疗师的分裂移情（split transference）结合在一起，治疗师向病人表达对这个联合的理解。治疗师的工作包括觉察自己的分裂并努力完成自己的个人整合，接下来通过诠释来和病人努力完成联合。所以对戈尔德伯格而言，面对病人的垂直分裂，仔细核查并修通自己的反应——反移情的这个方面——是治疗成功的关键。这个论述反映出与科胡特在反移情上的不同态度（请参考第7章，以了解更多关于反移情的内容）。

斯蒂夫：垂直分裂的案例说明。 斯蒂夫过去在家中经常被忽视，有时会被辱骂。在各种剥夺之中，他完全没有肯定、镜映的自体客体体验，反而遭受到频繁的言语和身体上的羞辱。但是，斯蒂夫的妈妈的确会在一件事情上称赞他：照顾他身体残疾的弟弟。她不仅称赞他的照顾，而且公开赞扬他有一天会成为一名伟大的科学家，并且将治愈弟弟的病。这个体验造成的结果是斯蒂夫诉诸垂直分裂这个无意识资源。

慢慢地，斯蒂夫的垂直分裂采取的形式是隔离他本身的夸大感，我们称之为他的"超人自体（superman self）"。当这种自体感显露出来时，他相信他比任何人都能干，相信他拥有卓越非凡的能力和力量。相信自己的能力非同寻常以及因此确信不需要他人帮助的全能感，这些在他的自体感中非常突出。例如，在危机时刻，他相信他有能力以非同寻常的努力让自己摆脱困境并在压倒性劣势下翻盘。当这个"超人自体感"来到他的前台时，他有时将表现出一种嚣张气焰和令人厌恶的优越感。考虑到他在家中治疗，不会令人惊讶的是，斯蒂夫承受着痛苦的低自尊和耗竭状态，这个状态让他感到无价值和空虚。他惯常的感觉是自己是"一个丑陋的怪人"。他的"超人"自体感并没有提升他的自尊，因为没有与自己惯常的感觉整合。

科胡特的水平分裂概念

科胡特使用术语"水平分裂（horizontal split）"来指在这个模型中使用压抑。科胡特认为，垂直分裂中的解离状态比起水平分裂中的压抑是更加严重的病理状态。自体心理学把垂直分裂看作难治问题的突出特征，例如行为障碍。

科胡特的理论指出，当孩子早期的自负夸大被照料者严重打压时，为了避免再次创伤，孩子会抑制这个自负夸大和对于照料者镜映参与其中的渴望。这个过程被科胡特称为水平分裂。水平分裂——避免觉察到自负或健康夸大——的临床后果就是各种自恋耗竭（narcissistic depletion）症状。典型症状包括无价值感、空虚和死亡感。科胡特认为，在最常见的自恋人格类型中，人会交替体验到这些耗竭状态和傲慢喧嚣的防御夸大状态（并非健康的自负夸大）。科胡特的理论指出，通过使用否认防御机制——他称之为垂直分裂——耗竭状态和喧嚣夸大状态彼此分隔（Morrison and Stolorow，1997）。

伊温妮一直使用水平分裂的防御。在治疗的头几年，她通常受无价值感和空虚感折磨，同时防御对镜映回应的欲望。随着在治疗中更加游刃有余的自体感被复活并被巩固，这些无价值感和空虚感渐渐消退。与垂直分裂对比，伊温妮看起来（仅有耗竭状态）没有被隔离起来的、需要与优势人格组织整合的夸大-自负感。

理想化自体客体需要

理想化自体客体需要指需要感到与钦佩他人相联结，产生一种平静、抚慰、安全、有力量和/或有激情的体验。它和我们需要与我们信任的某人融合或亲近有关。这样我们就会感到安全、舒适和平静。科胡特认为，理想化自体客体需要包括渴望加入钦佩形象（通常是依恋对象）的力量和稳定中，尤其是在沮丧和恐惧的时候。

早期典型事例是磕碰到头的孩子哭着跑向妈妈，被妈妈亲吻受伤的额头后，孩子立即感到不疼了。魔法？在科胡特看来不是。而是一种典型的日常情境，父母发挥的功能是满足了孩子日常的理想化需要。用科胡特的术语来说就是，满足痛苦的孩子理想化自体客体需要的母亲，复原了孩子虚弱碎裂的自体状态。随着时间的推移，一再重复这种满足孩子理想化自体客体需要的序列，逐渐帮助孩子结构化或象征化自体-安抚影像（self-soothing images）和相应的能力（见第5章）。

理想化自体客体需要的功能

科胡特的理想化自体客体概念包括两个不同但相关的功能。一个是双亲或抚养者给痛苦的孩子提供平静、安抚的功能。有些人已经提出，这些安慰行为是依恋情结的生物性决定成分（biologically determined component）(Miller，1996)。虽然最初只有特定的母性行为——母亲说话的声音、母亲触摸的感觉、母亲怀抱婴儿的方式——具有让婴儿平静-抚慰的作用，随着时间的推移——及足够好的发展——许多让婴儿或幼儿想到母亲的事物将产生同样的作用。一些理论家推测这些作用是婴儿体验母亲的结果，对此的表征关联在刺激大脑快乐中心的生理层面上。

理想化自体客体的第二个功能是作为理想人物，给年幼孩子提供安全感和在这个世界上受保护的感觉。这是一个理想化功能，稍晚于平静-抚慰功能出现。随着认知的充分发展，孩子越来越感到世界可能是个危险可怕的地方。儿童会精心地，包括有时幻想他所知道的父母，创造一种拥有他所需的强大保护者的感觉。如果父母能够坦然接受并以足够好的方式回应孩子的理想化需要，他们就会帮助孩子享受基本的安全感（Miller，1996）。这种安全感将非常有益于儿童的发展和幸福感，包括更能忍受各种不适感，例如焦虑、恐惧、挫败、悲伤，而且拥有更大的、敢于探索世界的自由感，将更具探索性且坚定自信。

理想化自体客体需要的发展进程

与其他自体客体需要一样，科胡特描述了理想化自体客体需要的发展进程。首先，儿童期望与理想双亲影像（科胡特的术语，指孩子对照料者的体验，这个抚养者满足孩子的理想化需要）融合。过了一段时间，孩子通常满足于处在这样的力量来源附近。随着孩子逐渐意识到她的父母并不完全是她想象的那样，完美双亲影像渐渐得到修正。最终，成熟的成年人确定无疑地知道，他不完美的家庭和朋友在遇到困境时都是可以求助的。提出这个发展进程的内在逻辑是，随着个体内在提供自体-安抚的能力增加，理想化需要的强度逐渐降低（Baker and Baker，1987）。

科胡特这样概述理想化自体客体需要的发展路线："婴儿古老的融合-理想化（merger-idealization），即和怀抱他的成人的平静身体融合，逐渐地导向安心的和自体-组织（self-organizing）体验，具体表现为钦佩伟大政治领袖、艺术家、科学家和他们振奋人心的思想"（1984: 206）。另外，科胡特相信，理想化自体客体需要的早期或古老表现形式，例如，儿童对他所钦佩的双亲人物的全能全知的深信不疑，慢慢地转变为内化的目标、价值观和力量。这些目标、价值观和力量是源自成熟的镜映自体客体需要的抱负和自体-奋斗（self-striving）的组织者。

对于理想双亲早期的和/或广泛的失望对发展的影响

科胡特的理论认为，如果孩子对理想双亲感到广泛的失望，就存在各种各样的负面后果。第一，孩子的安全感减弱。这反过来阻碍了孩子调节焦虑、恐惧和攻击情绪的能力。第二，孩子被弃在一旁，没有好的榜样去认同和发展组织结构。他被剥夺了学习的榜样，没有机会学习如何在这个世界上富有成效地生活，也没有机会学习可以在这个世界上获得什么。因此以这种方式，他的抱负受到影响。此外，他很有可能会存有一种空虚感以及和一个理想他人建立关系的深切渴望。

科胡特指出，市中心贫民区的男孩就是这样的例子，在这些年轻人的成长中缺乏理想他人，或者对理想他人感到极度失望。科胡特指出，通过加入各种帮派并上演像个男人的超级男子气概幻想（supermacho fantasies），这些男孩试图弥补（同性别）理想他人的缺失。他们可能把那些活出这些男子汉气概幻想的成年男性理想化了，例如成功的毒品贩子。

科胡特的双极自体

科胡特（1971）认为，如果发展以足够好的方式向前推进，成年人将获得相当程度的抱负和一组引导性目标和理想。在他的模型中，科胡特假设在抱负和确立的理想这两极之间存在一条天分和技能的假想"张力弧（tension-arc）"。他把这个假设的结构——两极和张力弧——称为"双极自体"。科胡特认为，这个"能量连续体（energic continuum）"——从双极自体中的一极到另一极——是精神健康的动力结构本质。一旦建立，它使个体能够活出"富有意义的生活，有能力借助工作和爱实现他的核心自体（nuclear self）蓝图"（1971: 43）。在其最后的著作，科胡特（1984）提出第三个自体客体需要，孪生或另我自体客体体验。因而，他隐然地把他的双极自体概念修正并扩展为三极自体概念。

另我或孪生自体客体体验需要

在《精神分析治愈之道》（1984）中，科胡特提出第三项自体客体需要（另我或孪生体验的需要）的发展路线。科胡特最初把另我体验作为镜映移情的一部分。可是，随着不断发展他的理论，科胡特决定赋予它应有的相对镜映和理想化移情同等和独立的地位。科胡特对另我自体客体需要的定义是"从出生直至死亡，需要体验到基本的相似性"（1984: 194）。他对此详细进行了描述：

> 人们在孩子四周单纯地存在——他们的声音和身体的气味、他们所表达的情感、他们从事各种活动发出的响声、他们烹饪和食用的食物散发出特殊的香味——在孩子那里创造了安全感，一种归属感和参与感……这些感觉来自他确定感到自己是其他人所属的人类社会中的一员。（200）

孪生自体客体体验的发展进程

随着个体的发展，他表现出这个阶段特定的自体客体需要。通常是从融合特性的孪生体验，发展到更能容忍差异和个体化的密友体验。此时，科胡特引用的早期孪生或另我体验的例子是小男孩在卫生间紧靠父亲，用没有刀锋的剃须刀模仿父亲一遍又一遍地刮胡子，以及潜伏期的女孩在厨房和妈妈一起揉面。科胡特声称，这些类型的体验有助于产生与他人相似以及属于人类社会一部分的感觉。儿童期常见的假想同伴（imaginary companion）现象也可以被理解为需要确认相似感的另一个例子。有时在他们的环境中没有充分地体验到这种相似感，孩子将会尝试幻想一个志趣相投的假想同伴来满足这种需要。

俄狄浦斯期的孪生体验对巩固性别化自体感（gendered sense of self）很重要（Kohut，1984；Martinez，1993；Basch，1992）。俄狄浦斯期的一个基本任务——获得分化的特定性别特质——要求拥有同性父母的孪生体验或相似性体验。

在前青春期和青春期，与家庭之外的他人的相似感（the sense of alikeness）变得至关重要，它帮助青少年与家庭分化，并且成为同一性形成过程的补充。遵守同龄群体的品位和偏好——包括穿着、歌手、活动等——通常是无条件的。相似性具有几乎强制性的特点，差异通常被体验为威胁。随着前青春期和青春期的孩子尝试在家庭之外的世界建立同一性，属于（家庭之外的）群体的孪生体验提供一种自体-界定（self-definition）和自体-确认（self-validation）的感觉。

成为社团组织的一员、为室内运动队加油和成为国家的一名公民等成人期的孪生体验，是联盟感和归属感的一个成分。在成熟的成人期，我们能够享受这些孪生体验，与此同时也因我们的不同而尊重和珍视他人和自己（Baker and Baker，1987）。

为了强调另我自体客体体验的重要性，科胡特论及宇航员的反应，由于宇宙飞船发生故障，他们被迫选择要么离开地球轨道并永远穿行在宇宙中，要么返回地球但极有可能被烧死。科胡特提到，宇航员做出了全员一致的决定，并且是即刻做出的：返回地球，宁愿可能死亡也不愿意在黑暗的无限虚空中无休无止地游荡。即使是死亡，人类期望的也是被人类的沉默和人类的黑暗所环绕，而不是非人类的、了无意义的空无（Detrick，1985）。

后科胡特对另我/孪生概念的贡献

科胡特之后的数位作者对另我或孪生移情概念做出了有益的贡献。米勒（1996）质疑科胡特关于另我体验主要是从双亲-孩子关系（parent–child relationship）发展而来的观点。相反，他称孪生体验主要从同伴关系发展而来。为了支持这个论点，大量的实验性发展研究显示，早在从婴儿期开始，婴儿们就对其他婴儿特别感兴趣，并且向同伴学习的兴趣和高接受能力看起来会持续终生。米勒指出，对于科胡特使用的孪生体验的例子——小男孩在浴室中紧靠着父亲，对于模仿父亲刮胡子——更为恰当的描述也许是理想化自体客体关系，同时略带些模仿来进行认同。他坚持认为，只有成年人能够拥有和父亲的真实的孪生体验。

安·艾森斯坦（Ann Eisenstein，1988）认为，另我或孪生自体客体功能是所有自体客体体验的基本成分或先决条件。换言之，艾森斯坦建议，不是将它视为单独的自体客体需要，更加有效的是将它视为一般的自体客体体验维度。尤其是依据索卡里兹和史托罗楼（1984/85）及丹尼尔·斯特恩（1985）的理论，她提出，科胡特的另我自体客体概念涉及整合与另一人的"相似性共鸣（resonance of alikeness）"的情感体验。她还指出，这个"相似性共鸣"是感到被理解的关键成分。艾森斯坦将这个想法和斯特恩的情感同调（affect attunement）概念联系在一起，情感同调让婴儿"知道"他的妈妈知道他的体验。随着时间的推移，同调的体验——假设在母亲的体验中有足够程度的相似性——被孩子整合或结构化为持续地感到能够被认知和被理解。这个感觉是确信个体的情感生活可以和另一人分享的关键。因而，另我自体客体功能在本质上是情感同调，并且与人类全部情感体验有关。道格拉斯·德特里克（Douglas Detrick，1985）和麦克尔·巴史克（Michael Basch，1992）也以同样的理由主张孪生体验是三个重要自体客体体验中最为基本的。

自体客体体验通常是单一的还是复合的？

自体客体体验必然是复合的。镜映、理想化和孪生体验被概念化为总是相互交织的。在每个理想化和镜映体验中，另一个部分地存在。为了激活镜映体验，就必须体验到某人至少有一点是理想的。同样地，理想化带来自体-增强（self-enhancing）的体验，理想他人就需要隐含着肯定性。自体客体体验的基本相似性是孪生体验的核心，涉及一个肯定性的背景（Fosshage，1997a）。

自体客体概念的演变

科胡特起初在自我心理学的架构下建立理论，自体客体（selfobject）这个术语指的是一个人或一个客体（按照经典精神分析的含义）为个体执行自恋功能。也就是科胡特最初把自体客体设想为一个人，这个人被主体使用并服务于主体的自体。科胡特渐渐相信他脆弱的病人并没有把他体验为一个独立的人，例如 F 小姐。而是被体验为病人自体的一个成分，这个成分是自体所必需的，以维持自体重要功能的完整性。

科胡特（1971）按照经典精神分析元心理学的术语建立理论，提出病人对分析师的这些反应表明，他们把分析师体验为"古老的，自恋灌注和前结构水平"。科胡特使用"古老（archaic）"一词的意思是年幼的孩子体验到的父母之一。"自恋灌注（narcissistically cathected）"是指力比多的自恋性[对比于客体-相关的（object-related）]。"前结构水平（prestructural）"是指他相信只有借助内化过程才能逐渐获得各个功能，就如弗洛伊德于1917年在《哀伤与抑郁》（*Mourning and Melancholia*）一文中概述的（也可以参考 Lichtenberg，1991）。科胡特相信病人的脆弱自体是"前结构水平"的，从这个意义上而言，它没有充分地拥有那些必需的内化的 / 结构化的功能以维持自尊（self-esteem）、自体-统整和自体-连续感。可以这么说，病人需要利用分析师来体验自体的这些方面。

1977 年，科胡特使用自体客体概念取代术语"自恋的"——这时，他离开了经典精神分析理论架构进入自体心理学架构——这对于自体客体概念的发展尤为重要。自体心理学架构强调了他的观点，自恋型病理（narcissistic pathology）从根本上反映了自体健康需要在关系情境中受挫和扭曲（Bacal，1995b）。为了这个目标，科胡特常常把自体客体体验比喻为氧气，强调人类生活中自体客体体验的必要性、中心性并且无处不在。

科胡特在最后一本书中改变了对自体客体的定义，现在指的是一个功能而不是一个人。他把自体客体定义为"我们对另一个人的体验维度，关联于这个人所具有的支持我们自体的功能"（1984: 49）。沃尔夫是科胡特的主要合作者之一，定义得更加精微："自体客体既不是自体也不是客体，它们是由关系所执行的功能的主观方面"。

后科胡特对自体客体概念的修正建议

史托罗楼、布兰德卡夫特和阿特伍德（1987）的论著结合主体间性理论视角（见第 9 章），对自体客体概念提出两项重要修正。首先，他们建议，自体客体这个术语应该是指我们体验到与另一人的特殊联结，这个特定联结旨在维持、恢复或者巩固自体体验组织。因此，在他们看来，"自体客体"指的是体验到另一个人提供了一类功能，这类功能与增强自体-体验有关。相应地，他们推荐这个术语应按形容词使用——例如，"自体客体的体验（selfobject experience）"或者"自体客体的功能（selfobject function）"——而不是用作名词。他们指出，这样做也消除了按名词使用"自体客体"所造成的一定程度的概念混淆。

索卡里兹和史托罗楼（1984/85）强调自体客体体验中情感功能的重要

性。他们坚持，自体客体功能在根本上与将情感整合进入自体-体验的组织中有关，自体客体需要最为核心的是与同调回应情感状态的需要有关，这贯穿了生命各个阶段。例如，他们建议，科胡特概念化的镜映和理想化自体客体体验可以按照情感整合的视角被有效地重新概念化。他们从这个视角出发，把镜映自体客体体验看作在整合骄傲、自大、效能感和愉悦的兴奋感等情感状态方面的同调回应。同样地，他们认为与力量、安全和平静的理想来源融为一体的早期体验是非常重要的，这表明了照顾者的抚慰和安抚回应在整合焦虑、脆弱和抑郁等情感状态方面的重要作用。因此在他们看来，镜映和理想化仅仅是众多自体客体体验形式中的两种。

巴史克（1985）也强调自体客体体验中情感功能的重要性。他扩展科胡特在1971年关于镜映自体客体功能的概念，把"情感镜映（affective mirroring）"纳入这个功能。用巴史克的话来说，"情感同调通向一个共享的世界；没有情感同调，个体活动就是孤寂的、隔绝的、古怪的……如果……生命早期情感同调不存在或者无效，缺失共享体验很有可能制造一种与世隔绝的感觉并且建立这样一种信念：个体的情感需要总是不能被接受并且令人感到羞耻"。

在类似的方向上，专注婴儿研究的约瑟夫·利希滕贝格受其研究的影响，支持使用自体客体这个术语表示富有生命力的情感体验。在这种情况下，他尝试使自体客体概念更加现象学。用他的话说，"自体客体体验……不涉及真实的人际关系或者功能内化，而涉及情感-灌满（affect-laden）的增强的自体-状态（self-state）"（1991: 134）。利希滕贝格认为，科胡特关于婴儿期的观点是他的部分发展假设的基础，但是这些观点现在被后来的婴儿研究认为过时。特别是科胡特假设，婴儿主要处于全然享乐以及自体和照料者未分化的全能状态中，自恋地体验他们的世界，现在这个假设过时了。因此科胡特的这个观点需要被修正，即认为古老自体客体的功能必然涉及融合或者未分化的体验。按照现在新的观点，不是融合，而是对被满足的需要和通过同调回应激发活力，共同引发了自体客体体验，并增强了核心自体（core self）（Lichtenberg，Lachmann，and Fosshage，1992）。

巴克沃最近指出，自体客体概念蕴含着关系视角。他观察到，事实上，自体心理学已经逐渐地把重心从单人、孤立心灵视角，转变到两人、关系视角。"自体心理学不仅是关于自体的心理学，它也典型的是关于人类关系的心理学"（1995b: 359-360）。他指出，尽管自体心理学家"官方地"只处理自体-体验，但这个自体-体验建立在与他人的关系体验之上，特别是在关于产生自体客体体验的关系体验之上。

自体客体关系

其他作者也尝试从被体验到的关系的视角概念化自体客体体验。为了用这种方式重新定义自体客体概念，雷瑟姆和奥林奇（Lessem and Orange，1993）强调把依恋概念更系统地整合到自体心理学理论内是有用的。他们把"原发自体客体关系（primary selfobject relatedness）"定义为个体体验到重要他人或依恋对象，能够支持连续的、内聚的、积极的自体体验的建立、发展和维持。雷瑟姆和奥林奇强调，这种类型的体验只在重要且安全的情感联结（emotional ties）或依恋关系中才存在。对于并不直接关联某个依恋对象的自体-激发活力（self-vitalizing）的那些体验，他们称之为"衍生的自体客体关系（derivative selfobject relatedness）"。例如许多人发现，在自然界中、体育运动中或者是参与到音乐或其他艺术形式中时，都会有一种自体-激发活力的体验。雷瑟姆和奥林奇认为，尽管这种更加宽广的自体客体体验层级不是关系性的，但是它伴随着非常有意义的关系性共鸣（relational resonance）。这些次级或衍生的自体客体体验的效力来自过去在安全依恋关系中原发自体客体关系的历史。自体心理学家已经一再地观察到，一旦对原发自体客体关系的基本需要在有重大意义的情感联结中被恰当地回应，运用这个更大层级体验的能力就能提高、扩展并变得更有弹性。

自体客体体验的关系特异性

我们不是和任何人都会体验到自体客体关系，指出这一点很重要。在心理治疗中，病人不是寻求治疗师的非个人功能（impersonal function）作为自体客体，而是寻求一个特定他人的功能——而且可能是在特定的关系类型中（Bacal，1995；Lachmann and Beebe，1992；Lessem and Orange，1993）。换言之，病人也许仅从一个挑剔的人那里寻求镜映体验，也许在成为负担过重的抚养者的情况下寻求镜映体验，也许极度渴望所钦佩的他人（an admiring other）并在如愿以偿中寻求镜映体验。

弗兰克·拉赫曼和碧翠丝·比毕（1992）宣称，在治疗情境中，可以沿着两个维度描述体验的表征（representations of experience）：自体客体维度和表征结构（representational configurations）维度。"表征结构"是指在精神分析中被经典地称为"客体-关系（object-related）"的那些移情。拉赫曼和比毕形容这些表征结构是对自体和他人情感充盈的描绘，涉及自体和他人的特质以及他们的相互关系。另一方面，自体客体维度关联于维持自体和他人之间的联结以及自体对于清晰地表达、内聚和活力的需要。他们推测，"表征结构为自体客体体验提供环境，反过来，自体客体体验提供进入表征结构的入口"（5）。

为了不那么抽象，让我们回到伊温妮的个案。她重视来自"歧视的、挑剔的"男性的兴趣和认可。在拉赫曼和比毕的架构内，对伊温妮而言，挑剔的男性就是获得镜映自体客体体验的基本表征结构。当治疗进展到伊温妮准备重新开始中断多年的约会时，她的情感生活的这个事实就变得特别重要。她对挑剔男性的钟情有段时间构成了一个难以应对的问题，因为他们表达的欣赏无法充分平衡他们对她频繁的批评。

自体-统整

科胡特（1977）提出，"自体-统整（self-cohesion）"的感觉是个体的自体-体验的重要特征。他在这里的意思是"作为空间中的一个单元、时间中的一个连续体、行动的发动中心以及印象的接收中心，所带来的安全感"（156）。科胡特注意到一些严重的自体障碍病人倾向于在治疗的某些时候体验到令人恐惧的暂时性丧失这个自体-完整（self-integrity）的基本来源。科胡特的个案 W 先生就是一个突出的例子。

W 先生是一位近30岁的男性，受困于"不确定感和无目标感"，科胡特称之为"弥漫性自体失调（diffuse disturbances of the self）的特征"（152）。他很容易表现出易怒、疑病和混乱的综合征。当 W 先生感到被抛弃时，这些症状有时就会出现，例如在和他的分析师分离时。

科胡特认为，治疗临近满一年时，W 先生做的一个梦表明他有丧失自体-统整的倾向，并提供了一些有用的提示帮助理解这个梦。病人在分析师准备离开一周去纽约之前的几天做了这个梦。在梦中，病人坐在一架从芝加哥飞往纽约的飞机上。他正坐在飞机左侧靠窗的位置上，朝南方观望。当分析师向 W 先生指出梦中的不一致时——也就是从芝加哥飞往纽约，他坐在飞机左侧应该是看向北方，而不是南方——W 先生变得相当混乱并且丧失了空间方向感。事实上，科胡特叙述他几乎彻底丧失了空间方向感，在短时间内简直无法分辨左右。

在讨论梦的过程中，W 先生透露了个人史中的一个关键片段，也就是他在三岁半到四岁半之间和父母分离了整整一年。他被留给母亲的远房亲戚照顾，虽然他们没有明显地刻薄不善，但是几乎不关注他。

科胡特提到，W 先生时而在大部分会谈时间里都在焦虑地描述他正在经受各种生理不适，并且害怕他要生病。他最关注他的眼睛不能正确聚焦和他的痔疮。他就这些情况已经咨询了很多专家。这时，科胡特意识到，若W先生经历对治疗师——被体验为自体客体——的丧失，他就会感到被剥夺了自体客体移情提供的"心理黏合剂（psychological cement）"，这个黏合剂保持了他的自体的统整。科胡特推断，W先生对此的反应是感到被令人恐惧的感知所威胁，也就是感知到他身体的各个部分正在孤立自己，而且感觉它们奇怪而陌生。换言之，他正在体验到自体-统整的丧失。

科胡特意识到，在这些体验发生期间选择的症状是早已存在的细微的身体不适，当病人的自体-统整没有受到威胁时，病人几乎不会注意到这些，但是当他开始感到他正在瓦解的时候，这些细微的不适就成了他的关注焦点。科胡特补充，对比于基于俄狄浦斯的精神病理，例如转换性癔症非常特定的躯体症状，这些时候的症状选择并不是由特定的潜意识幻想决定的。核心精神病理是因为缺乏必需的镜映自体-客体体验导致完整身体-自体（body-self）的内聚力降低。

对W先生退行的观察结果显示，疑病状态总是在定向障碍和混乱倾向之前发生。当对身体-自体碎裂的先占疑病足够强烈时，W先生将会丧失他的空间定向感并且体验到言语表达的困难。因此，科胡特观察到这样一个重复的次序，首先是缺失自体客体体验，接着是疑病形式的身体-自体碎裂，最后是所描述的自体功能恶化。

科胡特意识到，W先生幼时曾玩的一个游戏起着对抗碎裂恐惧的作用，W先生回忆说每次会玩好几小时。当他躺在床上无法入睡时，他就幻想在身体各处远足。想象自己从鼻子出发顺着身体的轮廓漫步到脚趾，接着再依次返回到胃、脖子、耳朵，等等。他用这种方式让自己确信他的身体没有四分五裂。就如科胡特所写的，从身体的一点到另一点的远足让W先生确信身体所有部分仍在那里，并且身体的各个部分借助视察它们的自体被继续结合在一起。拉塞尔·米尔斯（Russell Meares，1997）在关于躯体化的论著中提出，专注于生理感觉是最后一道防线。它的作用是防止类似于毁灭的体验。

科胡特认识到，成年的 W 先生会继续从事类似的活动，这类活动也是消除碎裂恐惧的统整-形成（cohesion-producing）的方法。在治疗期间事先安排的中断之前，W 先生有一个详细列出他口袋内物品的习惯，无论多么微不足道——硬币的确切数目、一小团羊毛球、一张揉皱的小纸片，等等。他平静地、"自娱自乐"地数着这些存物。科胡特的理论指出，W 先生在这些时刻专注于口袋内物品的心理意义是"在一个已经变得不安全、不可预测和不熟悉的世界中——和他的碎裂自体一样碎裂——在一个封闭空间中寻求庇护，这个空间完全被他的心智掌控，因为他知道这个封闭空间里的一切，这一切都是熟悉的且在他的控制之下"（1977: 167）。让科胡特印象深刻的是，W 先生在生命中已然能非常适应性地使用这些强迫类型的活动，以便在孤独的、无支持的环境中维持他的自体-统整。科胡特写到，W 先生的疑病在专注于分析的过程中几乎完全消失了。

第 4 章　共情

自体心理学对共情的强调

共情（empathy）是自体心理学理论和实践的基本概念之一。科胡特最后把共情定义为"进入另一人的内在体验，去思考和感觉自己的能力"（1984：82）。当然，共情这个概念不是由自体心理学创造出来的。empathy 一词源自德语词 einfühlen，即感觉另一个人的心理状态或设法找到进入其中的途径。实际上，弗洛伊德（1921）、费伦齐（1928）和巴林特（1952）均把共情看作基本的治疗工具。但是在精神分析的认识论、治疗体验和人类发展的这三个领域中，自体心理学理论为共情赋予了与先前不同的中心地位。科胡特关注个体的主体性而且特别关注自体客体体验，自然而然地强调共情对精神分析的重要性。

科胡特重视共情的一个原因是他担心（弗洛伊德学派的）分析师——包括他本人——没有充分地倾听他们的病人。科胡特认为，他们正在从秉承的理论中形成僵化的理解和诠释，而不是首先从病人的体验出发去理解和诠释。科胡特相信这些分析师在倾听和诠释他们的病人的过程中太过频繁地呈现出了一种独断的和无所不知的特性（Bacal, 1998）。因此，让共情成为分析师倾听任务的中心在很大程度上是科胡特在试图纠正这种状况。他坚决主张分析师要保持的位置是持久地、共情地浸泡在病人的主体世界中，这是纠正精神分析临床实践中公式化-独断的普遍趋势的方法。

科胡特做出的两个假设奠定了他对共情概念的重视。首先，他相信分析师应该放弃关于病人体验意义的先占观念。对于受训成为弗洛伊德学派分析师的科胡特而言，这就意味着不先行假设所有心理困境的根源必然是围绕着客体爱的俄狄浦斯情结和冲突。其次，科胡特渐渐相信精神分析人际关系学派一直持有的一个观点，即分析师并非病人超然客观的观察者。相反，分析师在分析性相遇中自始至终是所发生一切的参与者，并且影响病人的情绪、联想和选择（Basch，1990）。这个假设非常关键，使我们能够理解到病人在治疗中的体验通常是由病人和分析师共同建构的，尤其是理解到病人的自体客体体验是共同建构的。

在自体心理学理论中，共情的概念表达有多个方面。自体心理学对共情的理解随时间的推进也变得愈加复杂。在详细阐述这些不同的方面之前，首先让我们从自体心理学的视角搞清楚共情是什么以及共情不是什么。

对自体心理学的共情的常见误解

在自体心理学理论和实践中，一直频频发生对共情含义和强调共情的误解。第一个常见误解是，自体心理学取向的治疗师相信共情就意味着对病人友善或好心，并且相信这种友善本身就已经被看作有疗效的。这体现了双重误解：(1) 共情意味着好心或友善；(2) 好心或友善就是特定疗效之所在，所以自体心理学重视治疗师共情。

科胡特最初相当清楚明确地提出，共情——作为观察模式——是一种价值中立地了解另一个人的模式。他评述共情可用于各种各样的目的。共情的使用未必是治疗性的或者是好意的。共情可能用于好事，也可能用于坏事；它没有暗示回应是善意的。为说明共情被用于敌意，科胡特（1980）以第二次世界大战纳粹"恶魔似的"共情为例，纳粹在俯冲轰炸机上装警报器就是为了恐吓地面上的民众。这的确是对共情的运用，却是出于毁灭性的目的。类似地，反社会者可能使用共情来知晓如何剥削和伤害受害者。共情可以用于伤害异议者的敌意目的，正如共情能够用于善意目的，例如确定朋友的情感状态是为了尽力提供支持。

第二个常见误解是混淆共情与同情（sympathy）。同情涉及人与人之间感知体验的相似性——我同情他，是基于在相同情境下我将如何感觉。从共情倾听的立场给出的回应，则是基于我们对另一个人的情感反应和对意义的感同身受的体验，此时，我们在已获悉的他们的主观世界内努力专注地倾听。这可能涉及为另一人"想象（imagining）"在某个情境中的反应，可能和我们在其中的反应有很大不同。

第三个关于自体心理学共情概念的常见误解是混淆共情浸泡（empathic immersion）和共情表达（empathic expression）。作为治疗师，我们能深度共情病人的体验，却选择在那个时候沉默。自体心理学的读者和批评者常常假设共情或共情理解必然涉及以这个模式对病人说话。某些作者（Adler，1989；Buie，1981；Teicholz，1989）已经指出，在对某些类型的病人的治疗中存在共情表达的陷阱，例如那些边缘性病理的病人。他们指出，当这些病人处于原始组织体验中时，分析师的共情表达会让他们倾向于变得更加害怕和失序。通常在他们极度渴望分析师的力量和不可摧毁性的时候，分析师表达共情会被他们误认为分析师的弱点。无论如何，共情作为朝向病人体验的立场，对于是否在某个特定时间点将她对病人共情地获知的理解付诸话语，就交给分析师来临床判断。正如泰乔兹（Teicholz，1999）所说，分析师的共情体验也许让她在治疗的某个特定节点不做表达。

第四个常见误解是认为共情需要超越或悬置自己的主体性。一些批评者（例如 Renik，1993）争论，共情的概念包含了相信分析师能够超越自己的主体性而专注于病人的内在现实。科胡特把共情看作替代性内省的观点却经常被忽略，即为了理解病人的体验，分析师不是超越，而是深入自己的主体体验。共情病人唯一可以借助的媒介就是我们的个人情感体验。就如所有临床医生所知晓的，共情不是一种心灵感应，它总是经由我们的主体性进行过滤（Hayes，1994）。

然而另一个困惑是由于科胡特在他的著作中以两种不同的方式使用共情这个术语所导致的。

自体心理学对共情的概念化

自体心理学一直使用共情这个术语，同时关于它的含义一直存在混乱。部分混乱是因为在阐述自体心理学观点的过程中，科胡特使用这个术语的方式发生了转变。如前文所述，科胡特最初使用"共情"表示价值-中立的观察模式，作为在精神分析情境中收集资料的一个工具。科胡特（1959，1980）认为，这个观点是指"在认识论的语境中（epistemological context）"的共情，共情是一种认知的方式。在关于共情的早期著作中，科胡特认为共情是接近病人主观性的"客观方式"。但是，随着他的工作进展，让科胡特印象越来越深刻并就此著述的是共情重要的关系性功能和效应。在这种情况下，他就从仅把共情视为观察模式转变为也把共情看成重要的回应模式。在他后期的著作中，科胡特转变为主要聚焦共情的主体性方面，强调它有力地创造并维持了人与人之间的联结（Teicholz，1999）。他认为这种类型的回应是治疗性的。

毫不意外，无论是由自体心理学家还是由其他分析视角的作者写就的，关于共情的论著中一直存在一个趋势，就是合并"共情"术语的这两种用法。在理解自体心理学有关共情的论著中，牢记这两种不同用法将会有所帮助。

科胡特把共情视作一种观察立场

在"内省、共情和精神分析（Introspection, Empathy, and Psychoanalysis）"（1959）这篇开创性论文中，科胡特强调共情的作用在于它界定了精神分析开拓的疆域。他坚持，只有那些凭借内省和共情有可能抵达的，才能被纳入精神分析探索的领域。共情，或者更精确地说，共情-内省模式（empathic-introspective mode），是收集精神分析资料的基本分析工具。分析师使用内省和共情接近病人的感觉、思考和欲望，科胡特将之类比为解剖组织学家把显微镜作为他观察血细胞的工具。虽然病人的内在世界无法被触摸到或被看到，但是我们借助内省的过程在我们内部观察它们，并借助共情现象在病人内部观察它们（Lynch，1991）。

在这篇早期论文中，科胡特主要把共情作为一种观察模式。共情不会自动地产生解释。但它是分析性理解和解释的第一步。科胡特认为，在病人的心理世界内共情浸泡需要成为分析师对病人的自由联想的初始反应。

科胡特和他的同事欧内斯特·沃尔夫（1979）提出，精神分析有两种类型的资料——外察的（extrospective）和内省的，获取自两个不同的观察领域。外察的资料获取自观察者的外部领域或疆域，而内省的资料获取自观察者的内部领域，从观察者的内部获得。就如同自然科学，大部分理论和科学心理学属于观察者的外部领域。观察者的内部领域是深度心理学的领域，通过内省和共情获取它的资料。科胡特举的例子是个头一般的人尝试理解个头很高的某个人的体验。他观察到"没有内省和共情……他的身高仅仅是一个身体属性"（1959: 207）。但是，

> 只有当我们进入他的所在，想想自己时；只有当我们借助替代性内省开始感受他不同寻常的身高仿佛是自己的身高，从而唤醒我们曾经的不寻常或者显眼带来的内在体验时；我们才开始理解不寻常的身高对于这个人可能有什么意义，并且只有在那时，我们才观察到了一个心理事实。（207-208）

科胡特断言，精神分析从根本上是深度心理学。他认为，就它本身而

论，精神分析是由内省和共情界定的。可是，这并不意味着精神分析不需要外察资料。精神分析是一门深度心理学，它把外察资料（累积的经验资料，关于人类体验和行为）与共情地、内省地获得的资料结合起来。

科胡特在论文中写到，无论分析师多么必须使用共情理解，分析师都需要能够搁置共情态度。随后的自体心理学家（参考 Fosshage, 1995b）主张，虽然分析师需要共情去观察和收集她需要的资料，但如果她不能进一步越过共情，就不能形成所需的对病人的体验和行为的假设和解释。

科胡特把共情视作一种回应

科胡特相信，与共情的人类环境相联的感觉是心理上的需要。他认为，确认个体的心理-情绪的存在性（psychological-emotional existence）是人类的根本需要（Siegel, 1996）。对于这个需要，尽管我们通常觉得理所当然，但它的本质不会减少分毫。用科胡特的话来说，

> 共情是如此重要。共情是生物性存活。除非有共情环境，否则孩子无法存活下来。共情是情绪性存活，因为除非拥有周围环境的共情，否则你就会感到你不能展示你是什么以及你是谁。你要知道，在生命的最初，共情就代表这个世界的可靠性、可预测性。这些回应会是人性吗？（1996: 28）

科胡特写到，几乎完全不共情、无法认知的环境会激发可怕的崩溃焦虑体验，比如卡夫卡的小说或集中营幸存者描述的。正如后面将要讨论的（第6章），在科胡特看来，崩溃焦虑是所有焦虑中最深层和最恐慌的一种。科胡特相信，尽管双亲的虐待和曲解对孩子发展中的人格有巨大的负面影响，但是最痛苦的是在生命早期有一个情感缺失、无回应、扭曲的母亲。

科胡特相信共情是促进发展的关键。为何如此？体验到被共情是令人

感到抚慰的,增强一个人与他人相联结的感觉,并促使令人痛苦的情绪体验更易于管理。相反,对他人缺乏共情很有可能加剧一个人的痛苦,使他更加难以管理,有时会导致自体-调节的病理性尝试(Mollon,2001)。

在发展早期,孩子在心理上更加脆弱,照料者的共情对孩子而言是至关重要、生死攸关的事情。随着孩子的主体性变得更加成熟稳固,尽管照料者的共情对孩子依旧颇为重要,但是变得有些不那么至关重要了。

科胡特认为共情(连同充满关怀的回应)在心理生命的诞生中起着关键作用。他相信从婴儿出生那刻起,母亲回应婴儿就仿佛婴儿**已经有**一个自体,这对婴儿自体感的发展是非常根本的。婴儿天生具有各种内在潜能,它们被周围的人选择性地回应。科胡特相信,共情是双亲和他人选择性回应婴儿的基本准则,因而引导并激发内在潜能,形成科胡特所称的"核心自体"。简而言之,科胡特的理论指出,自体的诞生来自母性共情的功能,母性共情催化孩子的天生禀赋(Kohut,1977;Summers,1994)。

共情被认为是理解他人主体体验的重要工具。照料者借助三种主要且关联的共情方式促进孩子的健康发展。第一,共情使照料者能够理解,进而有效地回应孩子的自体客体需要。与之关联的是,共情帮助照料者确认了孩子的情绪状态,进而能够向孩子表达她们对这个情绪状态的理解,这是第二点。第三,当孩子因自体客体需要未能得到照顾者的恰当回应而感到受伤时,共情能让照料者获悉如何与孩子互动,进而帮助孩子重建自恋平衡(Tuch,1997)。所以,对于双亲适当地回应孩子日常的情绪生活,尤其是自体客体需要而言,共情是必不可少的。就它本身而言,共情通常不会被认为是对孩子各种需求的充分回应。

科胡特对共情发展起源的理解

科胡特相信,我们共情和接近他人心智的能力根基安置在最早期的心理组织内。母亲的感觉和行为作为其中一部分而被涵盖在我们的自体-组织中。母亲提供的这个最初的共情在极大程度上帮助我们获得了这样的认知：他人基本的内在体验与我们的类似。我们在自恋的世界观架构下首次感知到了另一个人展现的情感、欲望和思维。因而，科胡特认为，共情的能力属于人类生来就有的精神装置，因而在某种程度上一直与原发过程相关联。在发展过程中，非共情的认知模式逐渐覆盖在这个原初的共情感知模式下，常常阻碍原发共情能力的使用。个体在对另一个人进行回应时，能否持续发挥这个原发共情能力，取决于个体能否进入自身的主体性，进入自身的感受。

叙述性共情：共情在治疗过程中的角色（后期理论家的贡献）

欧麦（Omer，1997）的"叙述性共情（narrative empathy）"概念没有涵盖在自体心理学文献内，尽管如此，他却非常贴切地描述了治疗过程中共情性立场的某些方面。欧麦（据我所知，他并不是自体心理学家）把临床工作中的共情评述为一个主动的叙述过程，在这个过程中，治疗师努力领会并表达病人内在情绪体验的逻辑，尤其是病人有问题的体验模式。在共情性叙述（empathic narrative）的语境中，之前看似不合理的、病态的、令人费解的行为和感受方式等，最终变得可以理解，并且它的合理性令人信服。隐含的假设就是，在病人更早期的生活中，问题模式必然适应了她身处的艰难环境。欧麦把共情性叙述和外部叙述（external narrative）进行了对比。外部叙述是从理论的角度解释病人的行为，而不是从病人的角度。共情性叙述的判断标准是它从病人那里引出了这样的回应——"那就是我！"。与此相反，外部回应并不会引出这样的自体-认知。共情性叙述把病人定位在既是被动反应地，也是主动积极地塑造她的体验上。

共 情 过 程

尽管自体心理学理论家非常强调共情在发展和治疗过程中的重要性，但出乎意料的是，他们很少著述共情过程本身。在传统上，共情被看作对认同的成功处理而获得的预期结果。分析师可以通过这种方式获得关于病人体验的情绪性知识（Tansey and Burke，1989）。

科胡特（1959）使用"替代性内省"这个术语描述共情过程。他的意思是分析师需要使用的一种内省是从分析师所知悉的病人主观世界的内部进行的（Lachmann，1995）——打个比方，就像是穿着病人的鞋子走路，在这个位置上内省。例如，我们知道曾经经历特定创伤体验的病人将会担心在类似情境中再度遭受创伤。作为临床医生，我们对此加以考虑的方式是在病人的位置上想象自己。我们要思考，再次回到那种情境中时，对我们来说——曾经有过那种体验——感觉会是怎样的？

为了做到这一点，分析师深入探索自己、自己的体验和自己的主体性，以便找到理解病人体验和视角的方式。科胡特把替代性内省形容为"一个人（尝试）体验另一个人的内在生活，同时保留客观观察者的立场"（1984: 175）。因此在科胡特看来，分析师的内省，也就是进入自己的主体性的能力，是她对病人体验的共情能力的来源。我们共情病人的唯一媒介就是自己的个人情感体验（Teicholz，1999）。共情不是与主体无关，而是根植在主体内。

有观点认为共情过程包括两个清晰的阶段。第一个阶段涉及我们如何了解或接近他人的内在状态。第二个阶段涉及对他人状态的意义归因，治疗师想象把自己放在病人内在世界的中心。这些操作需要治疗师综合运用理论知识、想象力和诠释能力（Feiner and Kiersky，1994）。第一个阶段涉及整体的、即刻的和非言语的情绪性共鸣。第二个阶段涉及借助复杂的情感和认知能力对意义进行归因。后一个阶段或步骤的前提是语言能力（Sucharov，1994）。

关于这里的第二步和利用分析师的主体性共情病人的体验，史托罗楼（1993）提出内在类比搜寻（inner analogue search）是分析师共情过程的一个主要要素。分析师一边倾听，一边在自己的内心世界细细探寻可能与病人正在描述的那些体验相类似的体验。就如科胡特给出的例子，我们想到自己曾如何体验到显眼或不寻常，就能帮助我们共情个子非常高的人。史托罗楼指出，这些类似的体验可能有着各种各样的来源，例如分析师的个人史、个人分析体验、和其他病人工作的记忆、自己做父母的体验、其他分析师的个案报告、发展心理学知识、精神分析理论学习、参考文献，等等。

埃文：关于共情过程的案例说明

埃文是一位年轻人，前来治疗的原因是弥漫性的躯体不适。主诉是深层的虚弱感——例如，他抱怨在前来的路上几乎没有办法上下地铁台阶。他对他的生活和自己都不满意。他已经看过多位内科专家，但是没能找到虚弱感的躯体原因。

治疗早期进展顺利。我认为我们正在发展良好的工作关系，会谈看起来有成效，埃文已经感到有些躯体症状得到了适度缓解。

可是，治疗进展到近一年的时候，会谈的氛围开始发生变化。首先，我注意到我不再盼望会谈。反复思考自身的这个转变，我开始觉察到埃文在那时如何以一种间接的方式表达了对我们的工作和他的进展的不满意。当我指出这一点时，埃文承认了，并把这归于他对自己的整体不满意。随着会谈的继续，他开始越来越公开地批评我。他不恰当地把我与他的夫妻治疗师进行比较，我曾推荐这位治疗师给他和他的妻子。她充满活力、机智而且更加善谈。他希望我能像她那样。他挑剔很多事情：会谈开始得晚了或开始得早了，我看上去很疲倦，等等。在这期间，我有时会对我们的会谈感到害怕；会谈时，我常常盼望着结束。在这个阶段，我就以这些方式挣扎着和埃文会谈，有时我也对自己作为分析师的能力进行自我批评，同时也需要提醒自己其他病人的治疗进展好多了。

幸运的是，过了一段时间，我理解到我正在体会埃文在这个世界上常有的感受，以及体会到他和他父亲关系中特别的——也是最让人痛苦的——感受。我现在就像曾经的他，感到被无情地批评，批评我不够格，批评我总是想要摆脱批评，批评我在情绪上的伤害。我以不同的方式向埃文叙述"我想我现在尝到你那种痛苦的滋味了"。这对埃文产生了非常大的影响。似乎帮助他以更加同情和理解的方式看待自己的体验，也就是感到频繁地被他父亲批评以及他惯于以同样粗暴批评的方式对待自己。我们都知道这个批判态度——里外夹击——是他的深层虚弱感的主要缘由。

在这个例子中，我显然需要从对自己工作入手[包括情感-容受（affect-tolerance）和个体-反射（self-reflection）——某些作者称之为"在反移情内工作"]，这样才能抵达对埃文感到被无情批评的体验的共情理解。我选择这个片段是为了强调对病人的共情常常有赖于深度的情感卷入以及治疗师的内在工作。"成为共情的"不是我们能够随愿启用的一个技术。实际上，科胡特（1977）写到，真正地共情要求分析师必须与病人的体验在人格的最深层产生共鸣。

将共情视为分析师的理想行为：含义和影响

正如已讨论过的，科胡特非常强调治疗成功的重点是治疗师坚持共情立场。可是，他认为治疗师不可能一直都共情地同调和回应病人。确切地说，他仅仅是主张治疗师始终如一地尝试共情病人的体验。正如接下来关于结构化（structuralization）的章节所讨论的，科胡特认为，治疗师尽力共情的过程和有时未能共情，两者都不可避免，而且都有利于病人的成长。使用这个过程的关键是治疗师有意愿并且有能力理解病人体验到治疗师共情失败后的沮丧。

他坚持这个过程是创造结构化进程的先决条件,也就是恰到好处的挫折（optimal frustration）。关于使用共情立场,劳伦斯·费里德曼（Lawrence Friedman,1986）补充了一个额外且有趣的思考。他认为共情不仅仅是强有力的——共情的意愿和努力也传递了一个强有力的信息。治疗师在共情的过程中把他的自然反应风格置于一旁,甚至进行了抑制,就是为了接近病人。"通常,"费里德曼说,"只有不同寻常地专注的爱（unusually dedicated love）才会有这种自我牺牲式的奉献……大部分分析师想要深刻地了解他们的病人。但并不都愿意在这个过程中让自己不安,而且不是所有的理论都鼓励这样的不安"（85）。

可是,自体心理学将共情视为分析师的理想行为,也带来了一些不足。最主要的一个不足可能就是导致自体心理学多年来一直忽视反移情（见第7章）；直到最近才开始得到调整（Wolf,1979；Bacal and Thomson,1996；Fosshage,1995a；Orange,1993）。因为之前的观念是,理想的自体心理学取向的分析师只共情病人的体验,分析师自己的主体反应仅被视为对分析师共情功能的阻碍,而不是关于病人体验的潜在信息来源。

自体心理学将共情视为分析师的理想行为,带来的第二个不足是导致自体心理学在治疗情境中忽视特定分析师对病人体验的影响。自体心理学文献忽视反移情多年,尽管科胡特已经就此提出了理论观点,强调要考虑观察者对被观察者的影响的重要性。

第三个不足是自体心理学分析师将共情视为典范会造成反移情困境。一些分析师错误地认为这是要求他们给予病人持续不断的自体客体体验,避免重复体验过去的儿童期创伤（Stolorow,1993: 44）。伯纳德·布兰德卡夫特（1988）已经指出,当分析师在这种要求的支配之下进行工作时,精神分析的根本目标——探索并阐释病人的内在体验——可能就被严重破坏了。

共情的最新概念化

共情的最新概念化（Sucharov，1994；Preston and Shumsky，2002）已经从之前视共情为单人过程（one-person process）转变为视它为两人过程，从将共情看作治疗师为病人做某事，到视它为一个互动过程。

共情的重新概念化是把共情放在一个交互影响系统中。这个重新概念化是整体视角转变的一部分，即把分析师看作交互影响系统的共同参与者，创造并组织了一个双向或二元关系场（Preston and Shumsky，2000）。苏哈罗娃（Sucharov）说，"在精神分析性相遇中，共情理解就是双向的。理解另一个人和被另一个人理解是不可分割的过程，在这个过程的每时每刻都发生着理解和被理解之间的相互调节"（1998: 275）。

苏哈罗娃深受最新的婴儿研究的影响，建议按照共情过程的双向观点，我们专注于病人和治疗师之间的"共情之舞"，而不是治疗师共情浸泡在病人的体验中。他反对共情浸泡的概念，因为它未能抓住共情过程的二元系统本质。他认为"共情浸泡"这个术语造成治疗师体验的具象化（reification），也就是治疗师的孤立心智独自在病人的主观世界周围徘徊。因而，他提出，这个术语

> 隐匿了共情理解的嵌入性，也就是嵌在相互调节的共情舞蹈之中，这支舞蹈每时每刻都是（由病人-治疗师）共同设计编排的……这个主体间场的共情舞蹈正是需要我们专注倾听的。我们作为参与性观察者（participant observers）的角色进而要求我们一边共同舞蹈，一边倾听这支舞蹈。（285-286）

在普雷斯顿和舒姆斯基（Preston and Shumsky，2002）看来，绝大部分

共情沟通是意义构建（meaning making）的协商。他们指出，病人和分析师都挣扎于彼此建构的不同的主体性假设。两者试图消除不同的主体世界和意义世界的分歧。因此，他们不可避免地协商意义并进行意义的建构。所以这些作者强调，相对于传统的单人共情观点，即把自己放入另一个人的鞋子里，他们越来越重视桥接两个主体的双人共情观点，强调共情的情感联结这一方面。

第5章 自体心理学如何看待心理成长和治疗行为

自体的强化

自体心理学最重要的治疗目标是自体的加强，通过矫正性体验改变病人自体-组织的各个病理性方面。此心理成长得以重新开始是经由自体客体移情催化的。这个过程期待的行为结果是允许病人依据他的设计，愿意并能够尽可能地活出充实、活跃、富有成效的生活。用欧内斯特·沃尔夫的话来说，就是"治疗过程的最终目标应该是增强自体，以便个体愿意并能够投入日常生活的混乱喧嚣，不是没有恐惧，而是即便如此也不被吓到"（1988：102）。

以更加概要的、结构化的术语描述，增强的自体感的特点是更强的凝聚性和统整性、更大的自体-连续感以及活力的提升。自我控制感（the sense of agency）和自尊也随之增加。换言之，个体日常的主体体验品质将以若干方式被提高。她将感到更有活力，更能掌控她的生活，也对自己感觉更好。

增强自体的重要性优先于任何其他可能的治疗目标，例如无意识意识化、解决冲突、回忆、重建认知或者是统一自体各方面（Wolf，1988）。这些目标也许也相当重要，但或是列居第二位或者仅仅意味着整个自体增强后的结果。

科胡特相信精神分析通过自体的增强获得"治愈（cures）"是因为结构

化（structuralization）——用他的话来说是"心理结构的奠定"（1984: 98）。

结 构 化

结构化是获得体验结构或主题（theme）（Atwood and Stolorow, 1984）、新的认知-情感图式（Klein, 1976）或模式的过程（Goldberg, 1988）。例如，诸如伊温妮这样的病人领悟到"当我沮丧的时候，我是能被理解的"——他们治疗体验的结果——也许就成为他们主体体验的一个新主题或结构。获得这个新的组织体验的主题或结构将会极大地帮助病人管理及减少他的脆弱性。当他感到痛苦时，这些新主题将促使他更有可能寻求他人的帮助、支持和理解，并从这些支持中获益。个体变得更安心地信任他人，这个过程变得更确定且不易被中断。

科胡特的结构化理论：
自体客体需要的恰到好处的挫折促成转变内化作用

哪些自体—自体客体过程促成了结构化的强化？科胡特（1984）认为，儿童期的这些过程需要两个先行条件。第一，孩子和他的双亲或者其他依恋对象之间有"基本的同调（a basic in-tuneness）"。第二，孩子一定经历过自体客体失败，这是基于依恋对象非创伤的、错误的共情回应。这样的儿童期依恋对象的自体客体失败被科胡特称为"恰到好处的挫折"。这些自体客体回应需要的微小挫折通常在孩子可忍受的时间限度内就被照料者的同调回应补救了。所以，同调（attunement）和恰到好处的挫折是发生转变内化作用（transmuting internalization）过程的两个先行条件。

转变内化作用是"结构形成过程，在这个过程中，因恰到好处的挫折所产生的压力促使自体—自体客体交互的功能的各个方面（例如，抚慰、肯定等）被内化"（Wolf，1988: 187）。引用科胡特之言，"一点一滴地，不计其数的微内化过程所带来的结果就是，焦虑-缓和的、延迟-忍受的及分析师影像的其他现实方面都变成被分析者心理装备的一部分；而这些与被分析者对永远存在且功能完好的分析师的需求所遭受的"微"挫折同步"（1977: 33）。科胡特相信，为了获得精神分析的治愈，病人被精神分析场景激活的自体客体需要必须被挫败。

过程说明：恰到好处的挫折促进成长-发生的结构化

玛丽安·托宾（Marian Tolpin，1971，1978）是杰出的自体客体心理学家及科胡特初始团体成员，描述了婴儿如何发展各种自体-安抚能力，以此来阐明婴儿期的转变内化作用过程。她解释，当体验到某个独立功能的丧失"可忍受的"、阶段-恰当的（"恰到好处的挫折"）时，例如丧失之前由照料者为婴儿执行的安抚功能，可以说，精神没有顺从地接受这个丧失；反而，借由精神的逐步内化或结构化，它保留了之前由客体执行的功能。

托宾通过描述**过渡客体**（transitional object）的变迁来详细阐述这个过程，例如孩子的特别毯子。这是基于温尼科特的过渡客体概念。根据这个概念，为了保留之前与母亲接触所获得的抚慰体验，对母亲抚慰功能的灌注"被转移"到眼前适合于这个移情的任何物理客体。以毯子为例，成为过渡客体就是因为它柔软、易折叠、温暖、有某种气味和随时可用。因混合婴儿和母亲的不同方面，过渡客体延续了婴儿-母亲的联结感或错觉并创造了抚慰体验。慢慢地，当她的照顾者不在时，婴孩学会了使用毯子抚慰自己。当孩子还不成熟以至于无法直接完成这些功能的转变内化作用时，这条毯子就被用作孩子为精神做准备及做支撑的中间站。重复体验到当需要它时，她能寻找并找到这条备用安抚毯子，孩子就能逐渐恢复平静感。这帮助精神完成了以张力-减轻（tension-reducing）心理活动代替母性抚慰的任务。托宾指出，这是相同的过程，也就是最终促使具有相同效应的各种内在机制代替抚慰物本身。

托宾观察到,当我们看到带着毯子的婴儿时,几乎毫无疑问的是,过渡客体毯子提供了精神结构;另外一方面,当婴儿被剥夺了这条毯子时,会看到婴儿"崩溃(fall apart)[碎片化(fragment)]"。毫无疑问,毯子提供的这个结构还没有"进入内在(inside)"。当内化或结构化毯子的抚慰功能时,孩子就会逐渐失去对毯子的兴趣。因为毯子并不是被遗弃了,过渡客体——毯子——既不是被丢掉了,也不用被哀悼了,更不是体验被压抑。它的各种功能已经被内化;这些功能已经成为一个自体-增强的调节性结构。再次强调,这种类型的转变内化过程的一个先行条件是,孩子体验到照料者同调可靠的回应,如此照料者回应的挫折才会是"恰到好处的"或促进成长的,而不是淹没性和创伤性的。若挫折对孩子的精神是淹没性的,不会产生转变内化作用。

治疗过程中的转变内化作用的主要成分

科胡特(1984)宣称,治疗过程中依序发生的三步骤进程促进了自体-增强(self-strengthening)或成长-促进(growth-promoting)的转变内化作用。它们是:(1)病人的自体客体需要在治疗中被活化;(2)这个需要遭遇恰到好处的挫折,这借由分析师的节制以及他没有直接满足或明或暗的自体客体需要;(3)病人和分析师之间建立起共情联结,涉及已被活化的自体客体需要(并非直接满足需要)。

例如,当一个病人处于看似无法平复的沮丧中的时候,治疗师也许陈述道:"我能理解正处在这样的沮丧难过中时,你很难相信这些感觉不会一直持续下去并且你将会从中走出来。我能理解也许你现在需要我对此给予的安慰。"科胡特建议做出这样的陈述,而不是直接安抚病人。

在治疗关系中,共情联结或期望是病人体验的结果,即体验到分析师全力以赴的共情意图:持续努力地理解病人的内在生命。科胡特指出,在这样一个野心勃勃的工作期间，会不可避免地出现病人和分析师之间微小的、非创伤性的和共情性的失联。而且，分析场景的基本特性或要素也经常可能挫败病人。例如，预订面谈次数、会谈固定时长、必须付费、分析师度假等，常常令病人感到沮丧失望。可是，分析师是否有能力一刻不停地同调病人的体验并共情回应，将决定关联于这些特性的各种挫折是被体验为"恰到好处的"还是创伤性的（MacIsaac，1996）。恰到好处的挫折是阶段-恰当的、情绪可容忍的而且发生在持续的共情联结中。

科胡特认为，由于分析师偶尔的共情失败，分析联结的破裂是不可避免的。在他看来，对病人和分析师而言，分析过程在这样两个体验位置之间移动：在情感同调和情感破裂之后回到情感同调，这种发展促使病人加强并依赖自己的各种自体-调节能力（Teicholz，1999）。

自体心理学内部对科胡特结构形成概念的批评，以及替代的结构建立概念

科胡特之后的若干自体心理学理论家对科胡特的设想——认为自体-增强的结构化是自体客体需要遭遇恰到好处的挫折后的结果——提出批评并提出替代的解释。第一个这样做的自体心理学家是霍华德·巴克沃，体现为他（1985）的论文"恰到好处的回应和治疗过程（Optimal Responsiveness and the Therapeutic Process）"。巴克沃认为，科胡特的经典精神分析背景造成他持续秉持经典精神分析的某些假设却没有认知到这一点，假设之一就是相信挫折是结构建立的（structure building）或成长促进的（growth promoting）。在巴克沃看来，科胡特提出了依据来支持这个信念，但他误解了依据。特别是科胡特的重要观察，也就是自体障碍病人时常发生的成长-促进序列是在病人-治疗师联结破裂之后再被修复的，这并不必然意味着其中的挫折是结构建立的。巴克沃认为，随着治疗关系的破裂和修复而带来

的结构建立并不表明适度的挫折和心理成长之间有因果关系。更确切地说，他相信新结构的建立是因为共情破裂后病人的体验被理解了。他注意到被深刻理解的感觉常常是令人欣慰的体验，它缓解了挫折感和紧张感并促进了精神结构的建立。

特曼的结构建立概念

如何经由理解而形成结构？与巴克沃类似，戴维德·特曼对科胡特的结构建立（structure building）理论提出了挑战。他力图解决的是，结构如何在模型中被创建，并且这个模型与挫折无关。

特曼（1988）指出，通过强调（可以忍受的）挫折的各种好处，科胡特直接依照经典精神分析理论安置他的各个概念，并谨慎地使他的理论和技术与提供满足的污名脱离关系。他认为这也许对科胡特很重要，因为弗洛伊德坚持认为让心理结构演化发展的所有冲动都是性欲化的。因而，满足意味着这样一种行为或立场：退行的、反治疗的、成瘾的，甚至是违反职业道德的。所以，挫折的概念以及它的理论核心就获得了一种道德清白感，乃至正直感。

由于经典精神分析关于满足蕴含种种危险的立场，特曼辩称这些阻碍了对治疗体验中那些满足方面的探索。进而，我们整个的结构形成（structure formation）理论——模式和意义的获得——一直不幸地具有片面性。事实上，他断言，常常就是满足而非挫折成了开启结构化新道路的关键。

特曼也质疑科胡特依靠内化解释结构形成。特曼相信本质过程是创建而非内化。他认为，挫折促进结构的见解已经阻止我们理解到这一点：恰恰是婴儿和抚养者、孩子与双亲或者是病人与治疗师这样的互动作用创建了各种不同的模式。反过来，这些模式的重复最终建立了结构。

是什么首先建立起模式？特曼问。他的回答是体验本身制造了模式。

他反对内化以及两步骤过程的概念，也就是某个事件发生了，接着它被转换到内部。相反，特曼断言，"所作所为就是制造（The doing is the making）"（1988: 125）。随着互动作用的发生，模式或结构被交互作用本身创建。"重复，而非缺乏或中断，创建了持久的模式"（125）。再一次，"不是交互的丧失，而恰恰是它的存在形成了结构"（117）。

史托罗楼、阿特伍德和布兰德卡夫特的结构建立概念

罗伯特·史托罗楼、伯纳德·布兰德卡夫特和乔治·阿特伍德（1987）从主体间性视角挑战科胡特的结构建立模型，并提出一个不同的结构形成模型。与巴克沃和特曼一样，他们指出，科胡特对恰到好处的挫折促进转变内化作用的综合论述基于经典驱力理论的机械学说假设。此外，他们注意到科胡特在《自体的重建》（1977）这本书中放弃了大部分经典理论体系以及元心理学假设，但科胡特从未依据这个转变重新综合论述他的这个概念，也就是恰到好处的挫折促进转变内化作用。史托罗楼和他的同事注意到，弗洛伊德理论依据驱力理论的机械论假设而认为恰到好处的挫折是结构形成的基础。这源于弗洛伊德在1923年的论述，"自我是本我的一部分，这部分经由外部世界的直接（挫折）影响而得以修正"（转引自 Stolorow，Brandchaft，and Atwood，1987: 24）。史托罗楼还认为，恰到好处的挫折作为机械论的、远离-经验（experience-distant）的概念，与自体心理学的共情-内省是相矛盾的（Stolorow，Brandchaft，and Atwood，1983，1987）。

史托罗楼、布兰德卡夫特和阿特伍德（1987）此外还注意到，科胡特转变内化作用的概念涉及本应加以区分的两个不同发展过程。第一个过程是病人逐渐获得各种功能性能力（例如自体-安抚、自体-安慰和自体-共情），这些之前靠与治疗师的自体客体关系提供。第二个发展过程嵌在科胡特转变内化作用的概念中，涉及自体-经验的结构化。史托罗楼和他的同事们主张，结构化不必主要通过内化过程发生。他们认为，"治疗师对其情绪

状态和需要的持续接纳和共情理解常被病人体验为促进性媒介,借由它恢复自体-表达(self-articulation)和自体-界定(self-demarcation)的发展过程,它们过去在形成期一直被中止、被遏制"(23-24)。因此,他们指出,自体体验的若干结构化直接在分析师的共情媒介中被促进,在本质上不必包括内化。此外,这些发展过程不需要假设恰到好处的挫折提供了根本动机。

与特曼类似,在史托罗楼和他的同事们看来,结构形成主要发生于病人与治疗师的自体-客体关系完整无损的时候,或者处于修复的过程中。对于科胡特试图解释的临床观察——也就是在自体客体移情联结中,对破裂的分析带来的印象深刻的治疗性获益,并借此提出恰到好处的挫折促进转变内化作用的理论,史托罗楼和同事们进一步详细阐释了此类观察。与科胡特的论述相反,他们的解释是,"在自体客体联结中,针对破裂的分析所带来的治疗作用在于整合这种破裂导致的破坏性情感状态,以及随之而来的断裂的自体客体关系的修补"(24)。所以他们认为,结构形成的关键成分是病人强烈的需要状态,同时体验到分析师的情感同调、共情和回应性,这些允许自体客体联结的重新恢复。

巴克沃、特曼、史托罗楼和其他理论家(例如,拉赫曼和比毕,见随后的小节)的共同观点是,精神结构不是挫折的结果,而是因为体验到自身的发展需要,长时间得到充分共情的、足够且可靠的回应。

比毕和拉赫曼的结构化理论

碧翠丝·比毕和弗兰克·拉赫曼在自1988年起的一系列重要的论文中仔细研究并利用婴儿研究中的发现来综合论述了一个涉及多方面的理论,也就是哪些是婴儿发展中结构化的关键因素。他们建议,借由类比和隐喻,这些因素可以帮助我们理解心理治疗和精神分析中的结构形成。这个理论创建的过程基于他们的论点:"在生命前六个月,母亲-婴儿的互动关系能够阐明心理结构的发展"（1988b: 3）。比毕和拉赫曼在这些论文中采用二元互动的双向交互影响模型。紧跟着婴儿观察文献，他们把互动作用视为"持续进行的、每时每刻都被双方共同建构的交互影响过程"（1996: 19）。

关于婴儿记忆的研究发现，婴儿记忆的是互动作用。比毕和拉赫曼以这个发现为基础，把表征（或结构化）定义为"内化的各种互动作用，如此而来，孩子们现在就开始利用心理表象进行应对，在这之前，他们只能付诸行动"（1996: 7）。

结构化或表征的促成因素

比毕和拉赫曼（1994）描绘了婴儿期三个关键的交互调节原则，或者用他们的话来说，关于婴儿期的表征和内化的"三个突显原则"。他们相信这三个原则构成了有效假设，借此可以理解分析师-病人的交互关系是如何变得模式化和突显的，也就是结构化。这三个原则是**持续调节**（ongoing regulations）、**持续调节的破裂和修复**（disruption and repair of ongoing regulations）以及**强烈情感时刻**（heightened affective moments）。

比毕和拉赫曼认为，"持续调节原则涉及那些特征性的、可预测的以及可预期的方式，互动作用以这些方式展现"（1994: 133）。表征是持续交互模式的结果，常常以期待的形式（the form of expectancies）出现。正是他人的可得性（availability）、回应的一致性和可预测性促使并帮助建立了这些期待。

持续调节原则的焦点是在交互作用中什么是可期待的，与此对应的是破裂和修复原则，它的焦点是经由期待的破裂和随后努力修复那些破裂，交互作用是如何被组织起来的。比毕和拉赫曼（1994）提醒我们，破裂和修复模型已经对众多内化和结构形成的精神分析理论产生了相当大的影响（Freud，1917；Klein，1976；Kohut，1984；Loewald，1960，1962；M. Tolpin，1971）。这些理论已经把破裂、丧失、裂痕、不协调、挫折和不平衡视为新组织的催化剂和节点，新组织在它们周围得以成形。这个新组织的概念化有多种形式：裂痕的修复、丧失客体的内化、破裂关系的心理功能的结构化。前面引述的托宾关于转变内化过程的例子也是使用破裂和修复来探讨结构化的概念化。破裂和修复组织起不同的体验，包括效能、应对、重新恢复和希望（Tronick，1989）。交互作用被视作可修复的。

根据强烈情感时刻原则，互动结构或模式是通过强烈情感时刻组织起来的，在这些时刻，婴儿体验到强有力的心理状态的转化。比毕和拉赫曼指出，虽然他们认识到情感是前两个突显原则的成分，但他们相信强烈情感在创建各种期待的过程中有足够独特的维度，所以有充分的理由作为第三个组织原则。基于弗莱德·派因的理论（1981），比毕和拉赫曼认为强烈情感时刻的能量能刺激精神结构的累积形成。这些强烈情感时刻成为一组认知和记忆的组织核心。作者们指出，它们是具有塑造性的，其效用远超它们的持续时间。与派因的看法一致，他们注意到，只有捕捉到相似但更低强度时刻的本质，这些强烈时刻才具有组织性功能。所以，这些强烈情感可时刻被视为一类相似情感体验的表征。拉赫曼和比毕（1993）假设强烈情感时刻对组织结构有影响，是因为这些时刻引起了心理状态的转化。他们在更宽广的范围内使用"心理状态（state）"这个术语，包括生理唤醒、情感和认知（Beebe and Lachmann，1994：150）。

矫正性情感体验或矫正性自体客体体验

自体心理学关于结构建立的另一个观点是**矫正性情感体验**（corrective emotional experience），又称矫正性自体客体体验（corrective selfobject experience）。

"矫正性情感体验"这个术语在经典精神分析圈中深受诟病，因为会将之与弗朗兹·亚历山大（Franz Alexander）提出的积极分析技术（active analytic technique）联系在一起。科胡特和其他人重新启用这个术语，但在使用方式上与亚历山大不同。科胡特、巴克沃（1985）和保罗·托宾（1983）主张，在心理治疗和精神分析过程中，对促进统整（cohesion-fostering）的自体客体关系进行内化、结构化或者表征，是具有治疗作用的"矫正性"体验。矫正性情感体验的关键是（1）再活化病人先前被挫败、被中断的自体客体需要；（2）治疗师成为满足这些需要的首要对象，并促进相关的发展过程。

治疗师的回应帮助病人共同创建儿童期缺乏的自体客体体验，病人一再重复这些体验就能促成矫正性情感体验。自体客体关系的建立和——随后偶尔的不可避免的破裂之后的——不断重建，强化了自体，并且促进了被可靠倾听、回应和理解的特权感及自信的期待。换言之，矫正性情感体验带来了对个人的心理需要将会被满足的自信期待（Bacal，1990b）。

因而，矫正性情感体验或矫正性自体客体体验由四个要素组成：（1）移情，病人倾向于让治疗师成为他的自体客体需要的客体；（2）发生于治疗体验之前的更早期的自体客体体验；（3）治疗师对病人自体客体需要的实际回应能力；（4）病人进行创造性幻想（creative fantasy）的能力（Bacal，1990b）。

代 偿 结 构

正如在第3章讨论的，科胡特认为孩子有三种成长机会，也就是建立功能性自体的三条关系性-发展性道路。每一个自体客体需要——镜映、理想化和孪生——分别有其自身的发展大道，例如，感到被充分镜映的自体客体体验通往现实的抱负。科胡特假设，自体客体体验的某个领域受挫，导致了在结构形成中的缺陷。这时，个体就会转向自体客体体验的另一个领域，并强烈地期望利用这个领域实现自体-巩固和维持，也就是对自身感到安全且/或完整以及/或者感觉良好。当被自体—自体客体联结复活和加强了人格的另一极（按照科胡特的术语）时，这一极就被称为"代偿结构"。它被指定是因为这个"结构"（组织原则或信念）承载了更多的责任，或者正在补偿试图建立足够的自尊感所遭受的挫折（Fosshage，1997a）。例如，追求理想所提供的自尊，也许可以补偿表现癖和抱负领域的脆弱，反之亦然。

科胡特利用一棵树成长的比喻来阐明代偿结构："就如一棵树，即使存在某些限制，依然有能力在障碍物周围向上生长，最终能够将它的树叶展露在滋养生命的阳光下；所以发展探索中的自体将会放弃在某个特定方向上继续努力，而尝试到另一个方向上向前生长"（1984: 205）。

对我而言，特别难忘的代偿结构的例子是玛瑞安·托宾（1997）描写著名分析师安娜·弗洛伊德的短文，选自伊丽莎白·扬-布鲁艾尔（1988）写的传记。我将在此简略地概述这篇短文。

在她的遗产里留下的私人往来信件中，安娜·弗洛伊德透露，从儿童期到青年期，她一直受苦于强烈的羞耻感和混乱的无价值感。她在家庭中被公认为一个难以满足的孩子（因为她执着地、无效地渴望家庭成员的喜爱和欣赏），她也这么认为。不幸的是，她觉得在她的父母和兄弟姐妹眼里，她根本就不重要。除了她的保姆，她没感觉到自己被这个家庭中的任何一个人认可、重视或喜爱。在青春期早期，她成为父亲的被分析者并持续了几个月，她在这个时期感到自己暂时成了父亲关心的人。她常常感到耗竭和抑郁。

安娜*写到，她主要以各种性欲化的方式设法安慰自己：毒打幻想、白日梦和手淫。她也尝试通过放弃她的欲望和生活，通过他人保护她脆弱的自体感。她自体-组织的镜映部分和理想化部分，在童年期和青春期都没有得到培育，反而被伤害。托宾指出，这导致安娜进入成人期后，抱负和理想目

---

* 原文多处使用弗洛伊德（Freud）来指代安娜，为便于理解，中文翻译为安娜。——译者注

标这两个部分都存在原发结构缺陷。没有得到充分发展的目标和抱负（且不说她父亲的），不能带给她一种活力感和可靠的自我价值感。它们无法向她灌输目的感和方向感，方向感来自相信自己并致力于实现崇高的目标。可是托宾强调安娜确实发现了一个被认可的满足和活力之源：她的同伴钦佩她讲故事的能力。她虚构冒险故事并绘声绘色地讲述，他们很喜欢并为之喝彩。

成年后，安娜和多萝西·柏丽涵发展出一段友情，这成了她之后50年生活的情绪支持核心。在她们的通信中（1939年，她们因战争分离），她们"一致同意在这段理想的友情中，她们是彼此的孪生子或她们就是一对孪生子"（Young-Breuhl，1988：139）。安娜认为柏丽涵与她过去大多数的依恋对象不同，柏丽涵真诚地想和她在一起，信任她，并认为她非常珍贵。现在，她不再通过他人的眼睛看自己并感到自己没有价值，安娜通过柏丽涵充满爱意的双眼看自己，以及她用当前-转变后视角看到了自己，并感到自己得到了提升和重视。托宾认为安娜在与柏丽涵的关系中体验到自体肯定和自体巩固，这是形成代偿发展道路的基础。托宾认为这条代偿发展道路混合了镜映、理想化和孪生的各个元素；她重视同辈同伴柏丽涵的兴趣、肯定以及关心，这复活并扩展了被她的同龄人喜欢的讲故事自体。安娜·弗洛伊德能够在与她的"理想化孪生子"的关系中找到关键的镜映需要（Fosshage，1997a）。

代偿结构这个概念意味着有多条发展道路通往至关重要的功能性自体。科胡特写道："不是只有一种健康自体——而是有多种。通向治愈的分析道路也不是只有一条——而是有许多条，取决于特定被分析者具体的健康潜力"（1984：44）。

治愈过程的自体-解放

科胡特描述的治疗过程,有时暗示了另一个重要的治疗元素。这包括病人把自己从原来没有意识到的病理性关系模式中解放出来,这个模式妨碍了他的自体客体体验。科胡特(1971)在讨论"垂直分裂(vertical split)"时提到了这点,他描述了一个母亲自恋性地利用她的孩子,这导致了自体-抑制(self-suppressing)的关系。这个关系常常伴随刻意夸大,并且有时伴随着有悖常情的行为或者幻想。这可以被概念化为垂直分裂或从核心自体(个体更常有的自体-体验)中解离出来。在母亲-孩子的纽带中体现和反映的是母亲的自恋,而非孩子自己真正的、夸大而健康的表现癖,它们都被侵占了。因而,过度夸大与抑郁并存,这是孩子发展主动性被阻遏的结果(见第3章的斯蒂夫案例说明;也见 Mollon,2001)。

在这些案例的分析工作中有一个重要的部分,就是逐渐放弃垂直分裂。科胡特观察到,这会导致病人以"感到讶异的疏远"的含混语气说:"这真的是我吗?"或者"这是怎么进入我的?"病人对此感到惊讶(1971: 184)。科胡特评论这种讶异感和疏远感是因为自体核心部分此时是第一次接触到被否认的部分自体,并且能够"在整体上注视它"(184)。

可是,科胡特设想的自体-解放过程不仅涉及整合和修正之前垂直分裂的自体部分。他相信也涉及分析过程穿透压抑壁垒,压抑壁垒抑制了真正的自负性自恋而导致他所谓的"水平分裂(horizontal split)"(见第3章)。一旦经由移情的自体客体维度激活并且经由防御分析释放,这些能量就可用于她每天的日常生活——上升为抱负、理想、创造力、幽默和共情。因而,科胡特相信自体-解放是两阶段过程。不仅包括个体真正的自发性获得释放,也包括在与双亲人物的自体-抑制关系中,自体获得解放。这个过程有可能通过治疗关系实现,而且这个治疗关系特别重视关系的自体客体维度（Mollon，2001）。

伯纳德·布兰德卡夫特（1993，1994）进一步发展科胡特的这个想法：自体-抑制（self-suppression）有时在一定程度上是与父母的纽带，而病人需要从中解放出来。但是与科胡特相比，布兰德卡夫特以更加宽泛的术语概念化这个现象。布兰德卡夫特提出，这种自体-抑制的与父母的纽带在无意识层面运作，表现为恐惧改变、害怕不重复——与"害怕重复（dread to repeat）"的阻抗相反（A. Ornstein，1974，1991）。布兰德卡夫特认为，这种纽带［他称为"病理性涵容结构（pathological structure of accommodation）"］是治疗中另一个强大的阻抗来源。当分析探索阐释并威胁到某个深嵌的自体体验的无意识组织原则时，这种强大的阻抗就会表现出来。他指出，正是在这些强大的无意识组织原则中，早期与父母的纽带的病理性方面仍然存在。

以伊温妮的个案为例，允许自己感到作为一个女人是有吸引力的以及愿意和一位男性建立持续的关系，会让她体验到触犯了家庭原则——"永远不要离开你的父母"。随着治疗的进行，她做了大量的梦，梦到自己被困在父母的房子里，挣扎着想要逃离。我们需要广泛地关注她与父母的纽带的这一方面，包括强烈的焦虑，认为自己毫无魅力，在与男性的关系中有各种自体-妨碍的（self-sabotaging）行为。

第6章 自体-体验失调和障碍的精神病理学

自体心理学的精神病理学

较之以往的分析视角，自体心理学理论对精神病理现象的理解有显著的不同。它的精神病理学观点遵循它的发展理论。特别是，它独特的精神病理方法源于它对自体客体体验的关注。它关注个体所需要的自体客体体验，它们能够实现并维持个体的有效运作和令人满意的自体感。当个体不能体验到充分的自体客体关系时，持续存在的自体脆弱性就证实了这个观点。各种症状、行为障碍和失功能的关系模式既是为了保持对自体客体关系的希望，也是试图保护脆弱的、受威胁的自体。这里对保护脆弱自体的强调具有众多重要的临床含义，我将在第7章中讨论。这里先简单陈述特别重要的一点，就是面对病人的精神病理和防御，自体心理学治疗师比起经典精神分析师更有悲悯之心。

自体心理学的精神病理学非常关注功能，尤其是精神功能运作的损害或缺陷。它关注在自体-体验方面的特定功能性困难，这些困难的根本原因是自体-发展过程中的各种缺陷和扭曲。例如，自体心理学通常关注改善病人的自尊调节、自体-统整、自我控制感、情感忍受力、活力感和自体-连续感。

简而言之，感受到自体客体体验的缺乏而形成适应它的自体-保护，却导致自体-实现的障碍，这就是自体心理学设想的精神病理。这与经典观点形成对比，后者认为精神病理是内心冲突的结果。这导致自体心理学的治疗重点是自体-发展（self-development），而不是经典精神分析的冲突解决。

自体-失调的病因学理论

针对精神病理是如何发展而来的问题，自体心理学提出了一个新观点。它并非主要起因于内心冲突（经典精神分析观点），而是源于自体-发展（self-development）受阻和扭曲，这由孩子在与依恋对象的关系中自体客体体验缺失或不足导致。科胡特认为，精神病理的主要原因是在性格形成的时期，孩子持续缺乏照料者的自体客体体验导致自体发展脱轨。按照玛丽安·托宾所说，"只有当阶段-恰当的自体客体功能未能'真正地'匹配早期自体的需要时，自体病理才会扎根"（1986: 119）。

从自体心理学视角来看，最关键的致病起源是对关系的基本需要（自体客体需要）受挫的程度——尤其是在生命早期——以及为了应对这个自体-客体体验不足而形成的自体-保护性措施。致病起源的关键是与依恋对象关系的受损，涉及自体-体验的多个领域。其中最关键的也许是调节领域——特别是情感调节领域——的障碍。科胡特（1971）相信，"当母亲的回应整体上是非共情且不可靠时……不会发生转变内化作用，而且精神……没有发展出重建自恋平衡的内在功能"（65）。依据利希滕贝格、拉赫曼和福斯吉（1996）所言，"病人生理需要调节紊乱是由于在（自体客体）体验中存在障碍或缺陷造成的"。自体心理学认为自体客体体验的不足或缺乏导致的自体脆弱性将贯穿整个生命周期。

虽然生命周期任一时间点都可能发生自体-体验的结构性障碍（structuralized disturbances），但最脆弱的时段是在儿童期和青少年期的性格形成阶段。年幼孩子原本预期的自体客体体验却在心理上销声匿迹，通常会导致丧失自体感的体验："他们感到不真实、阴暗、恐怖、空虚；他们周围的人类环境、他们的所有物、他们的世界，变得毫无生气、缺乏实质性；他们忍受自尊坠落和丧失的痛苦"（Tolpin and Kohut，1980: 430）。此外，诸如俄狄浦斯阶段、青春期早期、结婚、为人父母、步入中年或者老年，这些重要的发展时期似乎会增加自体的脆弱性，因所需自体客体体验的不足而受到伤害（Wolf，1988）。

为什么自体客体需要会重复受挫？

重申一次，自体心理学相信，精神病理的发展是因为双亲-孩子的交互作用持续地未能满足孩子的一个或多个自体客体需要。用科胡特的话来说，就是"自体心理学认为自体的病理状态是由早期自体—自体客体过程存在各种障碍造成的"（1984: 70）。

所以，自体心理学强调发展脱轨导致的精神病理是由儿童期的各种关系缺陷造成的。其中涉及以下某个或若干原因：

1. 某些因素，例如遗传素质、生理缺陷或学习障碍，导致孩子有特殊需求，这妨碍了自体客体关系的创建和体验；
2. 双亲和孩子之间的气质不匹配；
3. 双亲恰当回应的能力有非常大的局限性，这是多种原因造成的，包括双亲自身的精神病理和无法改变的环境因素（例如，生病、失业、另一个孩子患病或死亡）。（Baker and Baker，1987）

双亲和孩子之间不断重复的复杂交互作用——虽然没有满足任何一方的需要——很容易发展为系统性的和持续性的。结果就是阻碍孩子的能力发展，包括调节自尊、忍受不舒适的情绪、获得自我控制感，等等。此外，这些交互模式导致孩子形成病理性自体-永存的（self-perpetuating）组织原则或主题，这些原则或主题通常是为了维持与双亲的关系以及维持提升自体客体关系的希望（Fosshage，1992）。

科胡特在更加理论的层面上假设：孩子只有在三极自体（镜映、理想化和另我）中的至少两极上相当重复地体验到困难模式，精神病理才会发展。例如，如果双亲回应孩子的镜映需要存在非常大的缺陷，孩子可能转向可用的令人满意的理想化和另我体验来源，从而获得充分的自体-增强体验。对这个孩子而言，周围环境中有可以敬仰和效仿的成年人及能够回应另我需要的亲密朋友圈，也许能充分地加强自体，从而享有适切的、无症状的、令人满意的生活（参考第5章的"代偿结构"一节）。

精神病理现象的一般动力序列

自体客体需要反复无回应或受挫，并且结构化被抑制，发展出精神病理。换而言之，个体没有充分发展调节结构及相应的功能性能力，导致自体存在若干缺陷区域，例如，自尊调节、情感容受或者自我控制感。

这是如何发生的呢？根据自体心理学理论，当在自体-体验特定领域中的自体客体回应的需要反复受阻，孩子就可能否认或分裂这个受挫的自体客体需要。这就导致此人通常不会觉察到他有这个强烈的需要，也不知道这个需要在若干体验领域正在引起强大的组织效应。对不同自体客体需要领域的回应不足所导致的结果就是个体形成问题组织原则并自动运作，它们太过专注于自体-维持（self-sustaining）的努力，以至于他人难以提供所需的自体客体回应。治疗师在治疗中面临的挑战是识别这个受挫的自体客体需要（或多个需要），并且要非常敏锐地观察到，自己很可能会和这些脆弱的病人共同构建自体客体失败。

案例片段

伊温妮（第1章）前来治疗主要是因为反复发生关系困难。她非常渴望亲密关系，又恐惧亲密关系中的危险。慢慢地，我们了解到这个恐惧的一个重要原因是她预期没有人会为她待在那里、情绪在场并且能够涵容她的混乱情绪。作为她的治疗师，当她不安或混乱的时候，我起初发现自己想为她"在那里",但是这很难做到,因为她害怕失望、害怕被我批评和羞辱,就像她曾经在父母和哥哥姐姐那里感受到的。因而,很长一段时间以来,伊温妮倾向于非常谨慎地与我分享任何抑郁情绪。在治疗中的一段时间,伊温妮甚至要到会谈之后,安全地远离我了,才能体验到她的不适感。过去在情绪抑郁时,她体验到父母和哥哥姐姐会有受威胁感并拒绝她。相应地,她感到为了保护自己以及我们的关系,她需要对我隐藏她的情绪痛苦。

很明显,处于重复性负向移情时伊温妮预计我会有类似的反应。另外,当伊温妮最需要我回应的时候,我却很难为她"在那儿",因为伊温妮抑郁时非常冷漠并且毫不表达她感觉如何。这是可以理解的,因为不能得到支持性回应,她借助变得善于隐藏任何抑郁迹象从而尽力保护她在家庭中的关系,保护自己免受伤害、难堪和羞耻。这个自我保护模式的结果就是我有时没有捕捉到伊温妮在会谈中的抑郁强度,因此证实了她的负面期望或组织原则:"当我抑郁时,我无法期待有人将能够为我在那儿"。所以这个组织原则的不幸结果就是好几个月以来,我有时没有听到和回应她对于理解和安抚的需要,即使我有这样做的动机。

自体心理学如何看待病理核心

自体心理学病理学的关注点是受抑制或脆弱的自体感(Wolf,1988)。如前所述,脆弱的自体感从根本上是自体客体关系体验不足导致的,并形成反应性的自体保护模式。在前面的案例片段中,伊温妮抑郁时却没有充分体验到同调和支持性的回应,也就是涉及理想化自体客体体验不足。这个不断重复的体验造成了伊温妮的脆弱感,在抑郁或不安时诉诸此类行为方式:无动于衷、秘而不宣和撤回。现在这些自动化行为干扰了她(与治疗师)共同创建和体验同调、理解和支持的能力,但这些体验又是她渴望得到的,尤其在她抑郁的时候。因而,她试图保护自己免于进一步的失望和羞耻,并且不要危及她和我的联结，这有时却造成了不幸且矛盾的结果，也就是这个令人痛苦的重复性循环——（自体客体）需要导致拒绝——被加剧，而这个循环又是她渴望逃离的。对她很有帮助的是，我对她解释，她在这些时刻的退缩是因为她感受到我们的关系变得岌岌可危，所以试图保护我们之间的关系。

造成脆弱自体结构的因素

自体心理学理论认为，导致脆弱自体结构的主要原因有两个。第一个是关键发展阶段的自体客体体验不足。这个不足干扰了正在正常展开的发展过程，而导致发展中的自体的一个或多个特定部分受阻。第二个因素是持续使用抑制性的组织主题和所导致的自体保护和防御行为，之所以如此，是因为个体的脆弱感涉及多个体验领域。

脆弱自体结构的表现

脆弱自体结构可以在多个方面得以证实。一个是自体-调节的各种困难，例如自尊维持、情感容忍、自体连续感和自我控制感等功能〔在自体心理学发展之前，这些自体调节困难被称为"发展性停滞（developmental arrests）"；近几年已经不再使用这个术语了〕。这些自体调节困难常导致成瘾行为：酒精、药物依赖或者各种强迫行为，包括性（sex）、运动（exercise）或者其他强迫性活动（compelled activities）。

脆弱自体结构显而易见的第二个方面是出现各种症状，例如频繁地高焦虑、抑郁或易怒；对外部世界或自身身体完整的特定恐惧或恐惧症（疑病症）；弥漫的躯体轻微不适。脆弱自体结构的第三个标志是依赖与依恋对象的古老或未发展的自体客体关系形式，例如，青春期前期的恐惧症孩子，需要母亲仪式化的保证（理想化的自体客体关系）："我向你承诺，如果你现在睡着会平安无事"。

碎裂和崩溃焦虑

在自体心理学对精神病理现象的整体性理解中，碎裂（fragmentation）和崩溃焦虑（disintegration anxiety）是两个非常重要的概念。碎裂是指自体-统整感消失，这是因为所需的自体客体回应不足，或是因为其他退行卷入的情境（regression involving conditions），就如在科胡特的 W 先生案例中所阐明的（第3章末）。在沃尔夫看来，"碎裂体验是一个体验连续体，从适度焦虑混乱到自体结构全面丧失的恐慌"（1988: 183）。自体-体验的多个方面看起来不再彼此协调或匹配。科胡特这样描述碎裂体验的呈现，"深度丧失自体的时间连续感和空间统整感……感到身体的不同部分开始不再是一体的……对整体身体-自体（body-self）的……强烈……意识，导致对身体碎裂的担忧萦绕盘旋，常常……以过分担心（个人）健康的形式出现"（1978: 371-372）。

病人描述碎裂体验的方式多种多样。例如，他们感到自己正在分崩离析、失去方向或者在大海的中间踩着水却无可抓之物；他们可能感到失落或者迷失在太空中，或感到停滞（Baker and Baker，1987）。科胡特描述了一种更极端的碎裂状态。

> 当病人用贬义词语描述心智-身体-自体（mind-body-self）或自体-客体（self-object）的碎片化体验时，是非常有意义的。例如，他的嘴唇感觉"奇怪"，他的身体对他而言变成"异质"，他的思维"怪异"，等等——所有这些词语表达了这样一个事实：各种退行变化，从本质上讲，在病人心理组织的外部。*（1971: 30）

---

* 原书中，本段是对这种精神现象的附注说明"……但是，退行的核心区域，也就是古老夸大自体以及古老理想化客体的碎裂，在本质上，超出了病人精神的健康部分所能抵达的范围。换而言之，虽然病人体验到精神周围的退行所造成的影响，但是心智-身体-自体和自体-客体的碎裂体验在心理上不能被详细阐述"（1971: 28）。——译者注

对于不那么强的碎裂体验，病人会报告感到不像自己，从活动中获得刺激或安慰，例如暴食、酗酒、吸毒、反复手淫、混乱的性行为、嗜睡或者其他形式的退缩行为。

崩 溃 焦 虑

科胡特认为，碎裂体验是崩溃焦虑的结果。他相信，崩溃焦虑是人类能够体验到的最深刻的焦虑，也很难描绘它。事实上，科胡特说："试图描述崩溃焦虑，就是试图描述不可描述。（1984: 16）"它在本质上是自体-丧失（self-loss）恐惧。科胡特声称这个恐惧——丧失自己是谁的感觉——是潜伏在所有精神病理之下的焦虑。崩溃焦虑非常难以忍受，所以个体总是不惜一切代价地选择保护自己（Summers，1994）。科胡特把这称为"自体-保存（self-preservation）首要原则"。

科胡特说到，崩溃焦虑感觉像是死亡恐惧；可是，恐惧的"不是身体消亡而是人性的丧失：精神死亡"（1984: 16）。崩溃焦虑不同于死亡恐惧或恐惧失去与现实的联系或精神错乱，而是"恐惧自体的……丧失，身体和心智在空间的……碎裂和疏离，时间连续感的……崩溃"。崩溃焦虑是自体感岌岌可危的个体体验到焦虑并预期焦虑状态会进一步恶化。"所恐惧的……是个体的人性自体（human self）的摧毁，这是因为得不到心理氧气，即共情自体客体的回应。缺乏它，我们无法获得心理生存"（1984: 18）。如前引述，科胡特认为崩溃焦虑是丧失自体客体体验的结果，自体客体体验是"心理氧气"，没有它，自体不能存活，没有它，就会有分崩离析之感。个体感到她正在经历很深的变化以致她的改变状态就像是崩溃。在更加体验的层面上，导致崩溃焦虑的是，在需要的那一刻，却暴露在非共情回应世界的漠不关心和冷酷之中。可是，崩溃焦虑体验并不总是必然导致碎裂体验；它可能导致对即将失去活力或心理耗竭的淹没性恐惧（Tolpin and Kohut，1980）。

根据定义，崩溃焦虑是一种体验到情绪危机的时刻。在临床上，作为治疗师，我们需要在这些时刻把我们共情性理解和诠释的焦点首先集中在病人的体验结构上，在此之后才继续探索它的内容。就如菲尔·莫利翁（Phil Mollon）的类比，"当病人被困在崩溃焦虑中时，他无暇顾及究竟是什么导致了内在危机——就像是在着火的房屋内的居民，比起了解火因，他们有其他更为迫切的关注点"（2001: 2）。

科胡特重新概念化的俄狄浦斯病理

在论述自体心理学的过程中，科胡特对俄狄浦斯病理（常被称为俄狄浦斯情结）的理解发生了非常大的变化。在他的第一本书《自体的分析》（1971）中，科胡特继续秉持经典精神分析观点，认为俄狄浦斯情结构成精神病理主要来源。这个时候，科胡特集中于概念化自恋型精神病理，认为它是在原发自恋阶段和俄狄浦斯阶段之间发展的。他相信一旦孩子超越对古老自体客体体验的依赖，就跨过了自恋阶段，接下来就经历经典精神分析理论中描述的经典俄狄浦斯阶段。这些孩子可能因为俄狄浦斯阶段尚未解决的、无意识的攻击驱力和性驱力的冲突，发展出神经症（Summers，1994）。

到他的最后一本书《精神分析治愈之道》（1984）出版时，科胡特对俄狄浦斯病理给出了截然不同的理解。这是一个自然而然的结果，因为这时的他强调自体-发展的结果主要取决于孩子与重要依恋对象的自体客体体验的品质。

科胡特在新的俄狄浦斯病理概念化中表达的理解与经典精神分析理论不同，它不再必然是精神病理起源的核心。另外，科胡特这时相信，经历俄狄浦斯阶段不必然导致俄狄浦斯病理。他把正常的和病态的俄狄浦斯发展阶段加以区分。科胡特的理论指出，当自体具有更大程度的统整感时，年幼的孩子就准备好应对俄狄浦斯阶段的各种问题了，例如指向异性父母的强烈情感，指向同性父母的强硬陈词和竞争。科胡特认为，孩子能够应对这些，不会发展为俄狄浦斯病理。实际上，科胡特反而坚持，如果双亲有一定程度的共情、喜爱和骄傲，孩子——经由前俄狄浦斯自体客体体验的内化而早已形成稳固的自体感——将欢乐地穿过俄狄浦斯阶段。

俄狄浦斯病理成因

那么，科胡特认为俄狄浦斯病理是如何发展而来的呢？他认为主要原因是在这个发展阶段，双亲没有能力充分共情孩子发展中的自体。典型地，当这发生的时候，科胡特认为，双亲倾向于把孩子自信果敢的情感（assertive affection）体验为具警告性的性欲（alarming sexuality），把孩子的竞争性和持续增加的自信果敢体验为具威胁性的敌意（threatening hostility）。另外，科胡特认为这个阶段的非共情双亲常以一种性诱惑的方式回应孩子自信果敢的情感，而不是以情感-接受的方式。类似地，更大程度的自信果敢的情感很可能被以愤怒回应，仿佛它是具威胁性的敌意。结果就是孩子潜在的俄狄浦斯冲突被结构化并被增强。

俄狄浦斯病理：科胡特理论与经典精神分析理论之对比

与经典精神分析理论相比较，科胡特对俄狄浦斯期和俄狄浦斯病理的理解在若干重要方面差异巨大。首先，科胡特相信关系性体验——而非内心幻想——是重要的俄狄浦斯病理起源。依据此观点，科胡特把这个阶段强烈的敌意和性的感觉看作病理的而不是必然和健康的。他认为这些是反应性产物，因为双亲没有共情地回应孩子增长的自信果敢、竞争和情感。在应对俄狄浦斯问题时，孩子感到被批评、被孤立而不是被支持。

其次，科胡特后来和经典精神分析理论存在分歧，认为性驱力和攻击驱力不是先天的。他强调，先天的是那些朝向情感和肯定的倾向。正是这些感受遭遇了致病性的回应，它们才转化成孤立的性欲和持续的敌意［科胡特有时称之为"崩解产物（disintegration products）"]，科胡特把这个强化的性欲和/或攻击看作自体-重新组织（self-reorganization）和恢复自体统整感的尝试。

最后，如已提及，科胡特并不认为在精神病理的发展中，俄狄浦斯阶段扮演着枢纽角色，那是经典精神分析理论家持有的观点。经典精神分析师对科胡特常有的批评之一就是认为他忽视了俄狄浦斯情结的中心位置。他确实没有支持他们把他置于中心的观点。而且，他的理解强调了俄狄浦斯神话的一个不同方面——俄狄浦斯是一个被拒绝、被抛弃的孩子。用科胡特的话说，"俄狄浦斯曾经是一个孩子，难道这不是在俄狄浦斯故事中最有意义的动力-起源特征吗？……事实是俄狄浦斯被他的双亲抛弃而且被他的双亲扔进严寒"（转引自 Cocks，1994: 31）。

对阉割焦虑的重新思考

在俄狄浦斯病理的重新概念化中，科胡特认为俄狄浦斯期孩子的主要恐惧不是阉割焦虑，而是不得不应对"性诱惑的而非情感-接受的"异性父母以及"竞争-敌意的而非骄傲愉快的"同性父母（1984: 24）。小男孩有阉割焦虑和小女孩相信自己已被阉割，被科胡特理解为更深层的自体-崩溃恐惧的符号化。用科胡特的话来说，"小女孩之所以有拒绝她的女性特质、感到被阉割和自卑、想拥有阴茎的强烈欲望，不是因为男性器官在精神生物学上比女性器官更令人满意，而是因为小女孩的自体-客体未能恰当镜映地回应她"（21）。对于小男孩，他"看到女性生殖器而表现出来的恐惧不是这个体验的最深层，一个更深刻乃至更可怕的体验在它后面并被它掩盖——体验到呆板模糊的母亲，也就是母亲的脸并没有因为看到孩子而变得生动愉快……再一次，这就是体验到回应性自体客体环境的缺失，没有这个环境，人类生命不能得以维持"（21）。

自体心理学的症状学

科胡特认为，自体障碍（结构缺陷病理）的症状形成与更少发生的神经官能症（结构冲突病理）有根本不同。神经症性障碍的症状形成是因为孩子相对稳固的自体暴露于与客体有关的冲突或恐惧的心理副本，这些客体被体验为独立的启动中心（自体客体维度的对立面）。可是，自体障碍的症状形成是孩子不稳固的自体受到心理碎裂和/或耗竭、衰弱和失去活力的威胁。当孩子对自体客体关系的渴望和需要被误解或者被忽视时，他健康的自信果敢就会崩溃并转变为无济于事的暴怒。

自体心理学家认为，各种症状是为了努力恢复适切的自体感和/或防止进一步的自体-碎裂感。我们处理的病理性产物被看作发展性创伤的结果。

自体心理学对创伤的理解

创伤概念是自体心理学精神病理概念的核心，与经典精神分析理论的精神病理学观点形成鲜明的对比。自体心理学把发展性创伤——和它所导致的自体-保护运作——看作精神病理起源的关键，而经典精神分析理论把基于驱力的欲望的冲突——和它所导致的防御机制——看作精神病理的源头。

科胡特看待创伤有宽广的视角。创伤，不仅包括身体和性虐待、忽视，也包括被依恋对象剥夺及对他们感到失望。无法获得需要的自体客体体验，尤其是在婴儿期和儿童期早期，和之后的灾难性事件一样，都是深度创伤。

自体心理学在关系性背景下考虑创伤，既强调实际事件，也强调主体性，认为实际事件的无意识意义可能被创伤受害者调和（Davis and Frawley, 1994）。自体心理学在事件创伤（trauma as an event）（被外察地感知）和过程创伤（trauma as a process）（被内省地感知）之间做出区分。所以创伤不单单是我们日常所指的一个灾难事件。创伤过程同时包括一个创伤性事件（或重复性事件）和特定个体的心理后遗症（psychological sequelae）。关于心理后遗症，自体心理学假设创伤事件最关键的无意识意义是体验到自体客体关系的破裂且没有随后的修复时机。与他之前的迈克尔·巴林特（1969）一样，科胡特也强调，个体在创伤性体验中丧失了必需的关系，在可靠回应的世界中被理解、接纳和保护的期望被辜负。虽然承认创伤事件的催化作用，但是自体心理学的创伤观是把创伤体验理解为自体客体关系的丧失，并导致情感过度刺激和自体-碎裂（Lee and Martin，1991）。

创伤导致问题组织原则和过程的形成。接下来是更多的关于问题组织原则的内容。

自体心理学的缺陷概念

缺陷概念在自体心理学中被许多自体心理学家反对，我纳入它是因为我认为它在理解自体心理学文献方面是有用的。

缺陷概念来源于科胡特把自体看作一个具身化结构，需要自体客体他人的滋养。通过转变内化作用的过程，自体在不同领域变得越来越结构化。所以精神病理和功能运作困难是结构化不足的结果。后科胡特自体心理学家（Fosshage，1997a）和主体间性理论者（Atwood and Stolorow，1997）已经质疑了这个观点。他们发现，缺陷的概念具有误导性，因为它把注意力集中在缺少了什么上，暗示了一个空洞，而且忽视现在所呈现的——特定的自体-体验病理组织、问题组织原则或主题，这些应该成为分析焦点。他们强调精神病理和功能运作困难是病理性组织的结果，而不是缺失组织的结果。因此，个体的自体感存在缺陷，不要将之理解为展现了个体不可恢复的内在缺失或缺陷，更有效的理解应为它是对早期在和照料者的互动中建立起来的问题组织原则的延续（Atwood and Stolorow，1984）。

例如，开始治疗时，伊温妮在抑郁时寻求他人安慰和自体-安抚都会有极大的困难。她倾向于依赖进食来安慰自己，而这反过来导致她持续与自己的体重做斗争。她的问题组织原则"如果我抑郁，没人会为我在那儿"，已经极大地导致了抑郁时很难获得自体-安抚和寻求他人安慰。早期自体心理学理论可能主要关注与自体-安抚相关的自体缺陷。之后，相比之下，受主体间性影响的自体心理学理论可能重视导致伊温妮这个功能性问题的问题组织原则。这种方式包括理解这个问题组织原则从哪里来，它是如何导致适应不良的防御性功能的，以及它是如何成为自体-永存——所有这些重要的步骤——来帮助伊温妮更加有效地应对她的抑郁的。

问题组织原则和过程

因而，自体心理学的精神病理学的另一个重要概念是问题组织原则（或信念）和过程。这个概念结合了主体间性理论，由史托罗楼、布兰德卡夫特和阿特伍德加以概念化（1987）。作为他们前反思无意识（prereflective unconscious）概念的一部分（见第9章），他们把组织心理活动的原则看作模板，起源于与照料者的关键发展性互动。在那之后，这些原则产生了相对恒定的脚本（Tompkins，1963），无视外部现实给出的信息。举个粗糙的例子，卡通片里有两只正盯着饭馆大门的狗，大门上有一个指示牌写着"周一不营业"。一只狗对另一只狗说："上面总是写着老调重弹的话'狗不准进入'"（Smith，1996: 101）。

问题组织原则和过程是创伤和自体客体需要重复受挫的结果。这些问题组织原则——和它们激发的自体-保护机制——很有可能在寻找和创造个体需要及渴望的自体客体体验方面带来困难。例如，伊温妮的组织原则或信念"当我抑郁时没有人会为我在那儿"（以及相关的不适感）已经激发了自体-保护机制（无动于衷、秘而不宣和撤回），这很容易妨碍他人明确体验到她的需要，而那些人正是在她抑郁时给予她支持和理解的依靠。

还有其他一些动力序列，自体客体需要的受挫通过这些动力序列带来问题组织原则和过程的建立。常见的是认同令人受挫的依恋对象，并依据和依恋对象相同的方式处理自己特定的自体客体需要。例如，当埃文（见第4章）寻求父亲的肯定时（镜映需要），他感到不断地被父亲挫败和批评。这个情境太过常见，如果埃文骄傲地告诉父亲他考试得了95分，他的父亲就会打击他说："你为什么没有得100分？"毫无疑问，很快，埃文就不再等待父亲的批评。他迅速且自动地为自己做了这些。尤其是当他感到需要肯定的时候，他会毫不留情地批评自己（"我出什么问题了？""我就是个呆瓜！"）。这些苛责导致了内隐的组织原则，即"我不够好"，也维持了一种希望，即否定性的父亲是可期待的自体客体关系来源。

病人组织原则将会因治疗师的不同方面而被选择性地引发，涉及治疗师人格、外貌和行为举止以及治疗师的办公室。这就是为什么同一个病人和不同的治疗师可能有不同的移情体验。

自体心理学对性欲化和性变态的理解

我将性欲化和性变态放在一起讨论，因为在自体心理学看来，性欲化是性变态的核心。

性欲化是在自体心理学之前就早已存在的一个精神分析概念。性欲化是指性的感觉灌注在无性的活动中，侵入与性无关的领域。弗洛伊德用了一个类比来说明性欲化的特征：厨师不再想在厨房烹饪，因为厨师开始和房主谈情说爱——烹饪工作被性欲化取而代之（转引自 Goldberg，1995）。

但是自体心理学提供了新的性欲化动力学理解。性欲化现在被理解为一种有效的转换运作（conversion operation），以应对重复性地体验到自体客体失败，尤其是那些被垂直分裂的自体客体体验。科胡特（1971）认为，性变态活动是为了试图补偿自体结构的缺陷，以及抵消内在死亡和自体-碎裂体验的性欲化努力。在性变态行动中，病人性欲化是试图为创伤性缺失或失望的自体客体体验找到一个色情化替代者。

如何理解性变态成瘾？当自体客体需要不能在心理-象征的（psychological-symbolic）（非具身化）层面上被满足，就可能接着退行到更早期，以身体方式表达需要。自体客体需要被转接到前生殖器的愉悦（pregenital pleasure）上，因而创造了性变态成瘾（Mollon，2001）。

史托罗楼和拉赫曼（1980）描述了一个病人，他十几岁时在厨房的地板上撒尿，然后在尿里滚来滚去。他们对此的解释是这个行为表现出他的自体-表征的脆弱性，而且他特别需要通过创造温暖、肯定的感官接触来支撑他岌岌可危的身体边界的完整性，这是他的客体世界无法提供给他的。随着移情变得稳定并且分裂的自体-客体需要被识别并进入移情中，性欲化常常会减少或消失。而且，性欲化经常起到移情转变晴雨表的作用。如果移情处于稳定状态，如果病人感到被理解，性欲化就没有必要了。可是，在分析师缺席或情绪不在场而导致共情破裂的阶段，性欲化可能再一次被使用。

结构化——稳定的自体客体依恋对象进入病人的心理世界——促成了去性欲化（desexualization）。去性欲化象征着精神结构的增加，可以忍受被否定或不能体验的情感，并提供更加稳固和统整的自体感（Goldberg，1995）。

科胡特对物质滥用和成瘾的理解

直到这里，我才开始讨论自体心理学如何看待并治疗物质滥用和成瘾。科胡特相信自体心理学理论能强有力地解释成瘾（Kohut，1977；也见Ulman and Paul，1989）。他认为，成瘾的精神病理核心是自恋失调。在科胡特看来，成瘾行为是自恋行为障碍的一个主要症状。可是与其他形式的精神病理学相比较，令人吃惊的是自体心理学家很少关注成瘾和物质滥用问题。

科胡特认为，未能充分地结构化自体客体功能——这些功能起初由孩子的主要依恋对象为他执行——导致他所谓的"自体内的缺陷（deficits in the self）"。成瘾被描述为徒劳地努力代偿这个结构化的失败（Levin，1994）。

科胡特认为，正是内在空虚——自体缺失的方面，被体验为一个空洞——使得成瘾者试图用药物、酒精、食物或强迫性行为来填充，但是没有成功。成瘾者试图通过成瘾行为修复这种痛苦的主体状态，例如自尊极低、怀疑真实，甚至怀疑存在本身、恐惧碎裂等（Levin，1994）。

在科胡特（1977）看来，成瘾者摄入毒品，从而在象征层面上迫使镜像他人（mirroring others）安抚他、接受他。或者通过吸毒，成瘾者象征性地强迫理想化自体客体屈从于成瘾者的融合需要，并以这种方式共享理想化自体客体的神奇力量。对有些吸毒者而言，吸毒提供了一种短暂的被接受的感觉，这带来了短暂的自信。毒品的这些作用都倾向于短暂提升成瘾者存在于这个世界的、活着的感觉，并增加他的自信。

成瘾者缺乏自体-发展（self-development），导致他没有能力忍受不适感，例如没有自体调节、张力调节、自体-安抚和自尊调节。另外，精神结构不足会造成有成瘾倾向的人很容易体验到空虚抑郁、轻度躁狂、耗竭焦虑和之前提到的崩溃恐惧频发。科胡特的理论指出，成瘾者试图通过物质滥用来代偿这个"缺失的结构（missing structure）"。

科胡特推测，成瘾的病因学或易感性是由于早期理想化自体客体体验存在严重障碍导致的。而且这个障碍最有可能的原因是对母亲的深刻失望，因为母亲没有能力共情孩子的需要，并且不能充分执行障蔽刺激的功能而导致不能为婴儿和年幼的孩子带来镇静及安抚。科胡特认为，这些早期理想化体验中的深刻失望剥夺了孩子逐步内化（结构化）被恰到好处地安抚的体验和被协助入睡的体验。科胡特相信，有这种背景的个体固着于追求这个理想化体验并频繁地在毒品和酒精中找到这种体验。因此，毒品的功能是一种代偿，使成瘾者平静和获得抚慰。

后自体心理学关于成瘾的观点

伍尔曼和保罗（Ulman and Paul，1990）在科胡特的成瘾概念化基础上补充了新的观点。他们提出**成瘾触发机制**（addictive trigger mechanisms）这个概念。他们指出，成瘾触发机制可以是物质（例如毒品、酒精、食品）、行为（赌博、强迫性暴食）或被过分依恋的某个人。成瘾触发机制确实触发了早期自恋幻想和自恋的极乐心境。伍尔曼和保罗认为，成瘾是成瘾者沉溺于代偿自体客体体验，而这种体验是一种幻想或心境，被成瘾触发机制生化地、生理地或心理地触发。

成瘾触发机制激发的古老（或早期）自恋幻想是情感-灌满的心理表象，象征性地描绘三个原型情境之一或多个：理想化、镜映和孪生或另我自体客体体验。在理想化幻想中，个人体验到自己与全能他人安全融合并被他安抚。在镜映幻想中，核心体验是在所钦佩赞赏的他人面前夸大地表现自己。在孪生幻想中，个体由另我同伴陪伴或与之联结。伍尔曼和保罗推测，这些古老的自体客体幻想在不同的意识层面进行心理运作，从无意识的梦的意象，经过前意识幻想，最后到有意识的白日梦。它们通常伴随着极乐心境，包括各种强烈的愉悦感受，例如夸大宏伟、无懈可击、静穆安详、镇定宁静和"麻木"遗忘。经由成瘾触发机制的抗抑郁和抗焦虑作用，成瘾者能够暂时从与自体-瓦解预期有关的痛苦的抑郁状态中，或同样痛苦的与自体-碎裂预期有关的躁狂状态中脱离出来。

伍尔曼和保罗认为，成瘾者的治疗核心是转变内化治疗师的自体客体功能——作为对抗焦虑的沉着镇静的缓冲器，或作为对抗抑郁的活力助推器。他们认为,当古老自体客体幻想转变为一个心理结构时,作用是充当自体-调节器,则病人接管治疗师缓冲和安抚功能的能力持续增长。

第 7 章　临床过程

自体心理学治疗原理

　　自体心理学治疗的目标是增强病人的自体-功能（self-functioning）和转化病人自体-体验的各方面问题。治疗结构性地、体验性地处理病人的自体状态。既包括病人的自体感在多大程度上是完整的、统整的、有活力和真实的，以及在空间和时间上的连续感；也包括病人从行为层面在多大程度上能够有效地追求他的目标和信念，并形成和维持持久的关系。各种症状、行为和关系困难、内在冲突和发展性缺陷都可归因于自体-发展中潜藏的障碍，需要从治疗过程中获得新的成长动力（Donner，1991）。

　　促成这种新的成长动力的治疗整体策略是什么？病人和治疗师之间的共情联结促进了病人受挫的自体客体需要的再活化。这些需要表现为移情的自体客体方面。利用治疗师的回应——具有共情诠释的特征，包括至关重要的接纳、理解和解释（Ornstein and Ornstein，1996）——病人长期受挫的自体客体需要变得清晰明确。在治疗关系基质中，病人的自体客体需要既会遭遇"恰到好处的挫折"（Kohut，1984），也会得到"恰到好处的回应"（Bacal，1985）。这两种回应共同促成"转变内化"的过程（Kohut，1984），病人能够（1）更成功地依靠内部各个功能，这些功能之前只能由外部提供；（2）能够更有效地利用他人的回应来满足自体客体需要。经过转变内化过程，更加灵活统整、有活力和持久的自体-调节表征和过程得以成形。

事实上，这就使病人能够生活在更成熟多样的自体客体环境中，自体客体环境比以往能更有效地维持他的自体感（Kohut，1984）。经由更深刻的自体-接纳（self-acceptance）、自体-拥有感（self-ownership）和对自己及他人的共情，病人更有能力追求具有独特意义的重要之事。

对进入治疗的病人的假设

自体心理学治疗师认为，首次进入治疗的病人会展现强烈的、通常是无意识的冲突，也就是一方面渴望被理解、渴望得到帮助以经历所需的发展体验，另一方面又恐惧地预期再次发生令人痛苦的创伤。按照这个冲突，病人依据过去"旧的"痛苦体验，同时也依据"新的"所期望的关系体验，来组织和建构分析体验。另外，病人正在尝试使用在过去的关系中建立起来的可靠方式与分析师联结（Fosshage，1990a）。所以分析师的等待是非常有用的，等待病人各种恐惧的展现，接着恰当地做出反应，来帮助它们成为可以讨论的，从而消除这些恐惧，由此就能向前推动治疗过程（Wolf，1993）。

共情是治疗过程的核心

自体心理学认为共情是治疗过程的核心，这有数个原因。第一，作为一种临床观察方式，自体心理学认为共情是我们理解他人体验的主要途径。在治疗师看来，它是我们在临床工作中最有用的收集资料的工具。共情涉及观察和倾听病人时的心理移动，从外部观察者的位置移动到"在内部（inside）"理解及回应病人的位置（Sorter，1999）。所谓"在内部"，我的意思是处于病人所了解、想象的主观世界的环境内。为了理解病人的体验，治疗师尝试想象将自己置于病人内在世界的中心（Ornstein and Ornstein，1985）。因而，共情理解被认为是着手治疗干预的先决条件。它具有为治疗师提供重要行动指南的功能。

第二，从病人体验的角度来看，共情（不仅以观察模式，也以回应模式）促成有效的临床过程。病人感到被治疗师共情，这个体验创造了一种安全与接纳的氛围。这种氛围促进了病人的自体-探索（self-exploration）。

第三，自体心理学家认为，病人被共情的体验（回应模式下的共情）常常对病人在治疗中的成长非常关键。共情，即被共情的体验，使得病人在某种程度上感到被理解，这帮助他感受到与治疗师及他人相联结。体验到被认可、被接纳和被理解，必然帮助病人变得更具自体-接纳性（self-accepting）。病人过去因为总是被否定而感到不正常或羞耻的想法和感受，现在在共情的环境中能够进入可思考的和可认知的领域。卡尔·罗杰斯，著名的来访者中心疗法心理学家，非常清晰地表达了这个观点："（共情）甚至能把极度受惊的当事人带入人类族群。如果一个人能够被理解，他就有了归属"（1987：181）。参与到持续共情的治疗关系中能够增加一个人对自身体验的拥有感，并扩展自己作为人所拥有的自体-体验的范围（Donner，1991）。继而，更多地接纳自己，通常逐渐变得更多地接纳和理解他人。

很重要并且最特别的是自体心理学视角下的临床过程：共情为发展自体客体移情提供了必需的条件，自体客体移情能再活化病人被阻挠的自体客体需要。经由自体客体移情，再活化病人独特的自体客体需要群集，被认为是治疗中最强有力的改变因素。一旦感到被理解，病人很有可能认为治疗师有能力回应他未被满足的发展性需要。另外，一旦建立自体客体移情，在破裂时，共情就是聚拢及修复它的黏合剂。

共情不是唯一有效的倾听位

自体心理学家认为共情倾听位是有效治疗的要素，并主张它应该是治疗师的主要倾听位。可是，共情倾听位并不被认为是治疗师唯一有效的倾听立场。虽然有些自体心理学家确实主张治疗师始终处于共情倾听位，但我认为绝大部分治疗师不会赞同这个限定。我相信，大多数治疗师会同意福斯吉的观点，他建议治疗师在两个倾听位之间来回摆荡：共情的或主体-中心的倾听模式和他人-中心的倾听模式或位置。简而言之，治疗师通常在两个位置之间摆荡：从病人的角度倾听和从治疗师自己的角度倾听。此外，来自其他分析取向、对自体心理学重视共情持有异议的批评者（见 Bromberg，1989）已经指出，单一地停留在共情倾听位，会导致治疗师放弃自己对病人的关系体验。

自体心理学如何理解阻抗/防御并与之工作

海因兹·科胡特也许比弗洛伊德之后的任何一位客体关系理论家都更彻底地改变了我们对阻抗和防御的理解。阻抗概念的变革源于他的精神病理学视角，即认为这是自体发展中各种障碍和缺陷的结果。就如已讨论过的，治疗的任务是在所需区域重获自体-发展。自体心理学认为，阻抗是一个人保护自己的努力，并非为了对抗被禁止的驱力欲望，而是为了对抗再次发生导致自体-体验障碍和缺陷的创伤体验。阻抗被认为是由崩溃焦虑触发的，并且有时出于保护碎裂-倾向的自体-结构的需要。防御和阻抗在维护自体完整性上起着重要且具适应性的作用。

科胡特相信，我们最恐惧的就是重复过去和依恋对象在一起时的最痛苦的体验——我们体验到自体感极度受损。使用客体关系的术语表述，就是我们恐惧被坏客体再度创伤（Aron，1996）。安娜·奥恩斯坦（Anna Ornstein，1974，1991）把这种恐惧称为"恐惧重复"。因此，自体心理学认为，阻抗是最初必需的适应性的自体-功能。阻抗和防御就如同防护壁垒般保障精神存活，也保护自体免受危险的、有害的、潜在的创伤体验而更加虚弱（Shane，1985）。科胡特认为，防御或阻抗"是为了将来的成长契机而保护被分析者的自体"（1984: 142）。

防御和阻抗最初是适应性的和自体保护性的这个观点，确立了自体心理学分析师在面对病人时与经典精神分析师非常不同。经典弗洛伊德派分析师把阻抗看作对抗分析工作。起初，弗洛伊德认为，阻抗是病人抗拒回忆创伤事件。之后，弗洛伊德转变了看法，认为阻抗意味着反对将被压抑的婴儿幻想和欲望暴露出来。因此，经典精神分析师着力联合病人的观察自我，以便通过诠释来冲破病人的阻抗，抵达未被觉察的基于驱力的无意识欲望。自从弗洛伊德首先沿着自由联想追溯至神经症的"致病核心"，这个观念已经成为精神分析治疗模型的根基（Breuer and Freud，1895；Summers，1994）。经典精神分析师认为，病人的阻抗阻碍了治疗的进展，因为妨碍对病人欲望的知悉和了解。在这个理论模型中，精神病理的来源是对基于驱力的欲望的认知防御。治疗任务就是扩展病人对这些防御所保护的驱力欲望的了解，进而增加自我掌控（对本我和超我），由此修正或解决无意识冲突。所以，从这个视角考虑防御和阻抗，主要需关注他们防御的是什么（基于驱力的欲望和幻想）。

自体心理学的治疗模型以截然不同的方式处理防御/阻抗。分析师不会联合病人人格的某个部分来对抗另一部分。相反，自体心理学分析师的工作是理解以及表达他的理解和接纳：病人这么做是感到需要使用这些来保护自己。这包括理解病人自体受到特定威胁并表达这份理解。分析师的任务不是利用对防御的诠释挑战防御、摆脱防御或者绕过防御，而是利用分析师的理解、共情和接纳来为病人创造一种安全感，这促使病人觉察到她的防御，并最终感到不再需要僵硬且广泛地使用它们。

自体心理学认为，不应该按照孤立心灵机制（isolated intrapsychic mechanisms）把阻抗看作仅仅位于病人的内部的。阻抗建立在"恐惧重复"过去创伤的基础之上，在某种程度上是被分析师的行为触发的，病人体验到（分析师）对她正在浮现的需要和感受的不同调。病人的阻抗被触发，因为这样的自体客体失败的体验使病人感受到了威胁：预期即将再次发生痛苦的创伤性的童年体验（Stolorow，Brandchaft，and Atwood，1987）。

因此，自体心理学质疑针对防御机制和阻抗进行诠释。认为这样做——

在经典精神分析中一直如此——会导致分析师和病人之间的对抗立场。病人在这些时刻很有可能对这些防御诠释的体验是，分析师竭力去除他们的保护屏障并且/或者分析师要病人为分析师治疗意图的挫败负责。病人的这些推论很有可能会增加对已呈现的任何不适感的羞耻感和罪疚感（Lichtenberg，1999）。

对阻抗观点以及与之对应的分析师角色的修正，确定了自体心理学分析师所处的位置与经典精神分析治疗模型的分析师相比，更像一个同盟者，更少像敌对者。所以我相信，比起经典精神分析，对阻抗和防御的修正理解使得自体心理学治疗更加有助于创造合作、友好的治疗环境。

伊温妮：防御和阻抗的案例说明

伊温妮大量地依靠回避来保护自己远离焦虑、羞耻感以及在关系中可能被拒绝和感到失望。在治疗开始时，她弥漫性地使用回避显得非常突出。例如，如果电话激起了任何不适感，她常会忽视并且不回电话，即使是亲密朋友打来的电话。她的回避也会造成撤离倾向而且感到被孤立。她常常感到生活难以应对。可是，孤立自己常常令伊温妮感到孤独、抑郁。回避与男性接触的模式仅仅强化了她认为自己缺乏魅力和自卑的痛苦感受。在治疗的前几年，当出现的材料具有威胁性时，她常常回避直接处理它，"我不想谈论它"。对此，我通常的回应是表明我尊重她不去谈论她不想谈论的任何事情的权力，但我认为，如果她能说说她不想谈论的原因，将会对她有帮助。在治疗的前两年，如果她在会谈中被激起强烈的不适感，那么在接下来的一次会谈中，她通常会迟到。

我开始认识到伊温妮在广泛地、弥漫性地使用回避，特别是回避与男性的关系以及自己作为一个女性的感觉这两个主题。按照自体心理学处理防御和阻抗的方法，我最初聚焦于努力理解伊温妮，并向她表达我如何理解她如此频繁地诉诸回避——普遍的回避，也包括对我。

随着时间的推移，我们俩都开始明白伊温妮为何变得如此依赖回避来处理各种不适感。简而言之，她最后回忆起父母使用同样的方式处理她和自己的痛苦。她的母亲在感到不安时就会躲到她的卧室。她的父亲会否认现状，仿佛不安的事情或者体验根本就不存在。伊温妮曾一再梦到自己在屋外一个非常深的水池中，并恐惧地发现没有任何人来救她。我们理解这个梦描绘出在她最需要帮助以应对抑郁的时候，她却频频感到被抛弃，而且注意到她的恐惧变得可以理解，也就是恐惧我们两个会进入相同的境况。我以各种方式向她表达，我能理解她如何开始相信并确信如此多的不适感让她无法忍受和克服，我也解释了她害怕展现她的抑郁，因为她认为这将会造成他人（包括我）拒绝和／或远离她（伊温妮也大量地梦到我在会谈中抛弃了她；常常想象我离她而去，砰的一声、重重地关上办公室的门）。

把自体客体渴望看作阻抗的危险

科胡特和其他自体心理学家已经指出，自体客体渴望乍一看可能很像阻抗。二者的识别和区分具有相当重要的临床意义。自体心理学认为，在分析关系中再现自体客体需要是成长的主要动力，所以分析师能够识别显现出来的这些需要就非常关键了。

F 小姐一再对科胡特很愤怒的这个片段，看起来就是一个阻抗，实际上是自体客体需要的活化的例子，这促成了科胡特对自体客体概念的综合论述（见第 1 章）。科胡特逐渐领会到，F 小姐对他的愤怒和苛求并不是阻抗治疗，更有效的理解是她再活化的需要——镜映、回应并肯定她古老的自负感（自负-夸大）——受挫后的反应。F 小姐并不是在对抗，而是在竭力调动她受阻的童年需要，希望能够经由科胡特获得满足。如果科胡特继续把 F 小姐的愤怒理解并诠释为阻抗，将会损害这个尝试恢复心理成长的希望。

破裂及修复的重要性和必然性

自体心理学关注并详细阐释了治疗中的破裂和修复周期（rupture-and-repair cycles），这已经成为理解临床过程的独特贡献之一。从科胡特开始，自体心理学家就已经宣称，对自体客体移情联结的破裂进行分析将获得重大的治疗成效。首要原因是移情的自体客体维度是心理成长的重要催化剂和支持者，所以破裂的自体客体关系得到修复是非常必要的，如此发展才能再次继续前行。

自体客体关系、联结或移情的破裂都是无法避免的，因为分析师无法做到完美地同调，以至"没有误解的阴影落在支持病人的自体客体体验之上"（Wolf，1993：680）。而且，之所以无法避免破裂，也是因为病人感知和组织治疗体验时倾向于使用有问题的或痛苦的组织主题，这些主题蕴含着预期自体客体失败（Fosshage，1992）。例如，伊温妮的问题组织原则——"当我抑郁时，没有人想倾听我"——导致一旦有任何迹象表明我可能不会接纳地倾听她的抑郁状态时，她就会迅速地、不假思索地关闭自己。

我们如何知道病人正在体验自体客体联结破裂呢？通常，病人在互动中对某事的反应强度——即使看起来无关紧要——可以充当自体客体关系破裂的指示器，并且这个事件实际上对病人而言是很有意义的体验。病人的反应可能是陷入沉默、突然显著地撤回、直接的愤怒、很沮丧或者症状突然加重（Donner，1991）。

分析破裂和中断的治疗效果

破裂为分析师提供了双重机会去了解病人的自体客体需要和各种痛苦组织主题，这些主题建立在恐惧——重复痛苦乃至创伤体验——之上，例如，"当我沮丧时，没有人会理解我""人们不会倾听我""我不值得被爱"。

因而，自体客体破裂的体验使得（分析师）更清晰地了解形成重复-负向移情（repetitive-negative transference）的重要组织原则。

科胡特最初提出的理论认为，分析破裂可以带来治疗成效，这是因为恰到好处的挫折带来了转变内化作用。正如在第5章讨论的，这个观点已经受到科胡特之后的自体心理学家的广泛挑战。后续的理论家对分析破裂的治疗作用有着全然不同的理解。接下来就是相关内容。

分析破裂和中断的指导原则

在分析自体客体破裂的过程中，治疗师优先从病人主观参考架构的视角探索并诠释破裂的各个要素。这些要素应该包括：引发破裂的治疗师行为或特质，破裂对病人的特定意义，破裂对自体客体联结的影响，破裂对病人的自体-体验的影响，破裂所激活或再现的病人早期发展创伤；尤其重要的是，病人在创伤激活时表达痛苦感受之后对治疗师将如何反应的恐惧和预期（Stolorow，Brandchaft，and Atwood，1987）。

重视自体客体联结破裂的理论依据

重视分析自体客体联结破裂与修复，有非常广泛的理论依据。在病人明确表达了她如何体验到治疗师要为她的抑郁负责之后，罗伯特·史托罗楼和同事非常重视病人对分析师将如何回应的期望和恐惧。他们假设，这种情况是因为大部分病人反复经历复杂的与双亲人物的自体客体失败体验。

他们认为，这些自体客体失败的体验通常是分两个阶段依序发生的。在第一个阶段，孩子的自体客体需要被双亲挫败后导致痛苦的情绪反应；接着在第二个阶段，孩子渴望双亲的同调回应，能够包容、调节和减轻自体-客体失败的痛苦反应。可是，父亲（或母亲）常常断然拒绝孩子的自体客体需要，典型的是不能够同调地回应孩子痛苦的反应性情绪状态。当孩子认为父母对她的抑郁状态负有责任的时候，尤其不可能被同调地回应。

频繁重复这些令人失望的备感伤痛的互动，结果就是孩子认知到她抑郁的、反应性的情绪状态是不受欢迎的，甚至会伤害并危及父母。在这样的认知下，孩子常常否认、隔离这些痛苦感受，这样就不至于危及她和父母的联结。

史托罗楼和他的同事强调，在这样的环境中，否认这些痛苦的情感状态常会成为持续一生的内在冲突、脆弱崩溃乃至创伤状态的源泉。在治疗中，因为恐惧再次重复，（病人）倾向于竭力抗拒向治疗师展现这些情感（Socarides and Stolorow，1984/85）。

史托罗楼（1993）提出理论认为，探索和诠释破裂活动所具有的治疗性移情意义是，治疗师成了（病人）渴望的给予理解体谅的双亲人物。尤其是治疗师这个双亲人物能够包容、理解病人，从而缓解病人因自体客体的失败体验导致的痛苦情绪反应。他能够容忍病人的失望——尤其是病人对他的失望——来帮助病人理解自己体验的意义。此外，这个破裂-修复过程的结果是修补和增强自体-客体联结。这样说就暗示病人将会更自由地表达自体客体渴望，因为她更加确信她对治疗师的受挫体验和失望将会得到包容、关注和理解。与此同时，史托罗楼认为，病人的发展过程被活化并逐渐地被整合和转化，被活化的包括以往被否认的痛苦的反应性情绪状态，以及病人曾经历的自体客体失败的遗留。这个（整合转化的）过程反过来促使病人认识到破裂是可管理的，因此加强了她的情感容忍能力和整体调节能力。

与分析自体客体联结破裂的疗效有关的其他理论要素

破裂-修复过程的其他内在要素能进一步提升疗效。破裂体验被定义为"强烈情感时刻（heightened affective moment）"（也许有很多这样的时刻）。就如已讨论过的（参考第5章比毕和拉赫曼的理论），这个时刻将有助于治疗效果。而且在强烈时刻，在病人嵌入的这个体验里，治疗师的行为方式完全不同于病人的某个（或多个）核心痛苦组织期望。这个体验有助于巩固自体客体移情联结。

关于破裂和修复体验的积极影响，拉赫曼和比毕（1993）补充了一个新的视角。他们认为，修复过程涉及二元调节（dyadic regulation）。病人和治疗师彼此影响，从而建立起新的交互模式。治疗师和病人检视自体客体失败的影响，努力恢复或修复失败。借助自体客体联结破裂的分析过程，病人就会建立起关系期望的表征。因此，拉赫曼和比毕认为这个联结破裂以及随后的交互修复过程，转化了僵硬重复的期望，并且建立起新的期望和表征结构（representational configurations）。

破裂和修复的两个案例

正如已提及的，自体客体联结破裂的发生形式各种各样。为了达到阐释的目的，我将简短地分别描述一个戏剧性的破裂和一个更加平静的破裂。

【内德的案例】进入治疗后一年，内德和我发生了一次激烈的交流。在某个时刻，我们同时说话——尤其是当内德还在讲话时，我就开始简短地陈述。内德突然站起来，脸红红的，生气地说道："你就像其他人一样。你也不听我说话。"接着，他猛地转身走出办公室，完全不理睬我请求他留下来讨论刚才究竟发生了什么，让他如此生气。当内德在下一次会谈出现（这让我松了一口气）时，我准备迎接上次发生的情况的延续，但幸运的是，这毫无必要。令我吃惊的是，内德说他对上次的事情感到抱歉，他"操之过急"并且有那么一刻，他认为我——就像他家庭中的许多人一样——没有兴趣倾听他真正的感受。他到家后开始重新考虑他对我的行为的诠释，并对如此急躁地对待我感到抱歉。我让他明白，我能够理解我的陈述令他感觉仿佛证实了痛苦的组织期望（原则），"没有人想要倾听我"。我们继续进一步讨论这个体验在他庞大混乱的童年家庭中无处不在。

【埃文的案例】在埃文进行治疗的几年后，我休了一次短假。回来后，他抱怨在我离开的那段时间，他的"迷雾"回来了。他发现，他会在大部分时间有失去方向的感觉，不确定自己在（自体）增强的方向上。这个感觉非常类似于他刚进入治疗时的感受。他把这个感受与我的缺席以及他非常想念他的治疗联系在一起。探索我的缺席对他的意义的结果表明，有时他认为这证实了他的恐惧，恐惧我并不真的对他感兴趣，这是他最主要的重复-负向移情期望。这样被检查的治疗效果重建了自体客体移情联结，并感到我是一个理解性、支持性的形象。在接下来的一次会谈中，埃文说（这次）在会谈后回到他的办公室时，他发现"迷雾已经消失了"。

自体心理学的移情概念

移情，从弗洛伊德最初的论述开始，就已经成为非常重要的精神分析概念了。弗洛伊德把移情看作"错误联结"、对现实的扭曲——当下的分析师被错误地体验为病人过去的一个重要人物（Breuer and Freud，1895）。随后移情也就一直被认为是一种退行、移置、扭曲以及投射（Stolorow and Lachmann，1987）。

自体心理学认为移情是一种无意识组织行为（Stolorow and Lachmann，1987；Fosshage，1990b）。在这里，移情被看作表现出组织体验并建构意义的普遍的心理挣扎。这可以理解为，病人体验治疗关系的组织形式依据自己的体验主题，尤其是自体和客体结构，这些无意识地组织起病人的主观世界。因此，史托罗楼和拉赫曼（1987）把移情称为"组织活动（organizing activity）"，认为病人把治疗关系同化到个体主观世界的主题结构中。按照这个视角，移情既不是对过去的移置也不是退行到过去，而是表现了组织主题或原则的持续影响，这些主题和原则在病人早期性格形成阶段就已经出现并泛化。

这个视角下的移情和阻抗密不可分。病人的阻抗大部分建立在移情的基础之上。这个阻抗源于"恐惧重复"（A. Ornstein，1974，1991）与依恋对象在一起时的创伤、强烈的失望以及挫败。在某种程度上，这些常常被治疗师的行为和特质引发，病人体验到（治疗师）对他的感受和需要的不同调或敌意。这种自体客体失败的痛苦体验不可避免地激发出阻抗，因为对于病人而言，这些体验预示马上就要再次发生伤害性的童年经历。因为这个阻抗建立在移情之上（尤其是移情的重复-负向维度），它在很大程度上是病人组织活动的结果，所以阻抗被认为是一种移情的表现（Stolorow and Lachmann，1987）。例如，埃文有时话没说完就突然保持沉默。当我对此进行询问时，我们了解到，因为我刚才看了看挂钟，他感到受伤并对我很生气。这个感知对他来说意味着我期望会谈结束，因为我对他不感兴趣——这个主要的重复-负向移情期望——他倾向于依据这个期望组织对我的模棱两可的体验。

自体心理学重要的移情概念已经发展为两人视角。移情不再被理解为病人内在孤立心灵的运作结果。相反，它被看作在病人和治疗师的二人场域模型内被可变地塑造。用史托罗楼和拉赫曼的话来说，就是"移情和反移情共同形成一个相互影响的系统"（1987: 42）。他们假设病人对治疗关系的体验总是由两个方面共同塑造，它们是治疗师的输入和这些输入被病人同化后赋予的意义。

移情的两人视角让我们能够理解到，治疗师能在一定程度上促成病人的问题体验组织的活化。治疗师的相关贡献将决定病人的问题组织原则是被阐明还是被体验强化，这取决于特定的病人、特定的情境和治疗时刻。例如，如果病人恐惧地预期当她抑郁时治疗师将会评判她（就像伊温妮那样），治疗师的行为与这个期望的一致程度将会决定这个问题组织原则是被强化还是被阐明（Fosshage，1992）。治疗师的贡献需要充分地最小化，以允许病人质疑自己的问题组织原则——这导致了她对情境的痛苦诠释（Fosshage，1990b）。

移情的自体客体维度

如前所述，移情的自体客体维度在自体心理学中具有重大意义，因为它被认为是成长的催化剂和载体。病人和治疗师的自体客体体验是移情的发展方面。病人尝试和治疗师重建断裂的关系，这些关系在性格形成阶段创伤地且阶段-不恰当地中断。自体客体移情的概念暗示，当自体客体需要——"需要的移情（a transference of need）"（Bacal，1998）——被满足的时候，就构成自体客体体验。病人开始依靠这些关系恢复并维持自体感的扩展和加强。史托罗楼和拉赫曼（1987）认为，即使自体客体维度处于背景中，它也一直存在，只要它未被扰动，就会持续地默默地帮助、支持病人，使得病人能够面对冲突的和可怕的感受。

科胡特使用的"自体客体移情"通常指的是病人已经发展出朝向分析师的镜映或理想化移情。我认为，史托罗楼和拉赫曼的陈述更具说服力，他们认为这个术语的一个概念性错误是把它看作特定类型的病人的一种移情特征。他们建议"自体客体移情"指所有移情都有的一个维度。他们认为，移情的这个维度可能会起起落落，最终在病人的治疗交互体验中占有一席之地（作为焦点或作为背景），但是他们再一次强调，如果未被扰动，它也绝不会缺席。

他们指出，正是移情的自体客体维度赋予诠释改变的力量。在分析病人阻抗的过程中，正是分析师表现出她对病人主观威胁感的理解和共情带来了治疗效果。他们评论到，这样做就能让治疗师在某种程度上被体验为提供平静、包容的自体-客体体验。治疗师在移情的自体客体维度上的这个体验，使得病人能更自如地展现出主观生活中的恐惧和冲突领域。

临床指导原则和启示

科胡特发现，在自体客体移情激活（mobilization）的早期就进行诠释经常是有害的。带来的风险就是过早地唤起病人注意到分析师的分离，并且破坏或阻碍病人参与自体客体体验的发展。优先于诠释，此时的干预更多是阐明病人在移情过程中需要体验到分析师怎样的功能。科胡特强调，重要的是分析师要坦诚并实事求是地承认病人的需要，并且共情病人对分析师功能不足的体验（Mitchell and Black，1995）。

移情的理想化自体客体维度

科胡特（1971）认为，激活理想化自体客体移情是为了完成未满足的发展需要，即需要感到与一个坚强卓越的人物相联结并受其保护。他说，这就是全能他人体验的治疗性活化。用科胡特的话来说，理想化的自体客体移情是病人试图挽回"部分失去的全面自恋完美体验，于是将这部分分配给一个古老的、原初的（过渡的）自体客体——理想双亲影像"（37）。这种与所钦佩的有力的他人的联结感给病人提供了一种被安抚、抚慰和/或安全或强壮的感觉。发展出移情的理想化维度的病人在其童年期对理想化双亲人物的需要受阻。科胡特相信，浸在对分析师的理想化移情中能促使这些病人恢复被中断的发展进程。

科胡特认为，理想化移情中的病人使用分析师的方式主要有两种：将他作为驱力调节者，或将他作为一个外部人物来完成对超我的理想化——建立并深化病人的价值观和标准。

理想化分析师在之前的精神分析理论中仅仅被看作病理性防御，防御朝向分析师的敌意或性欲。因此，这个防御被诠释为一种具有潜在攻击性的伪装方式。理想化不被认为可能是一种成长-促进的体验。在临床上，防御性理想化的显著特征是常伴随病人的自我贬低。第二个不同的特征是，当把发展性理想化诠释为防御性的时，病人常会感到失望和愤怒。而且，与防御性理想化相比较，理想化移情常常沉默无声。因为复活的是一个更早期体验，而且此时依恋对象的可得性和完美被认为是理所当然的，静静地发展理想化移情关系就显得并不令人意外（Lee and Martin，1991）。如之前所讨论的，理想化移情关系被发现的途径常常是在移情破裂的时候。

伊温妮的移情理想化维度最明显的证据，就是她想要我协助她调节情感——常常是焦虑。在产生大量的疑虑之后，伊温妮渐渐地感到很惊讶也如释重负地发现，当她焦虑的时候，我并不像她所恐惧的那样会表现出轻蔑和鄙视。随着伊温妮慢慢地更加确信我能够接纳性地回应她和我分享的不适感，毫不意外地，她也越来越能够平静地表达这些不适感。而且她开始更加频繁地这样做。第三年，她做的一个梦反映出与我之间的信任及理想化关系维度的巩固。在梦中，她将她的娃娃一整夜都留在我的办公室。我们诠释这个梦意味着她现在更安心地将她更为脆弱的情感交付给我，而娃娃就等同于她的"内在小孩"。

汤姆：移情的案例说明

汤姆的治疗目标是处理强烈的焦虑、惊恐发作、疑病症和对婚姻的不满意感。在开始做治疗前，他多次焦虑发作，却误以为是心脏病发作而前往医院。多年来，他在婚姻中一直不快乐，他感到自己太过依赖妻子，乃至无法离开她。

汤姆的原生家庭由母亲做主，在成长过程中，他与母亲的关系相当亲近。父亲是一位能力很有限、未充分发展的男性。在汤姆看来，父亲极度依赖他的妻子，以至于汤姆认为离开妻子的父亲是没有能力在这个世界上生存下去的。汤姆进入青春期时，他的父亲看起来就像是家里的另一个孩子，这让他非常失望。由于父亲角色的实际缺位，汤姆有时要充当母亲的知心好友。

随着治疗的展开，很明显的是，汤姆认为妻子非常强势。他正在重复父母的模式，依赖妻子作为安全的理想化来源。可是，汤姆为此付出了被妻子控制和约束的巨大代价。因此我们可以说，在汤姆与妻子关系的某个方面涉及理想化的病理性变体。

起初，汤姆的阻抗集中在他害怕我没有足够的能力帮助他。以各种方式理解了这个阻抗之后——尤其是根据他对他父亲的体验——汤姆和我形成了稳固的理想化关系。治疗进行了七八个月之后，当汤姆惊慌地打电话询问我是否可以尽可能快接待他时，这个理想化关系变得显而易见。在当天的会谈中，汤姆不仅描述了他的惊恐，也描述了他认为是什么触发了惊恐。会谈进行到一半，他向后斜靠在椅子上，如释重负地深深地呼出一口气，并说他感到好多了。我很吃惊，因为直到这时，我一句话也没说。我的（理想的）在场足以让他平静下来并恢复安全感。那时，我的办公室里有一座来自中国西安的大型兵马俑泥塑。当他强烈地体验到理想化联结时，在汤姆心中，我的影像就是这样一个强壮有力的形象。

汤姆在接下来几年的治疗中缓慢但稳定地向前发展，变得更加自如地自体-坚定（self-assertion）和自体-指导（self-direction）。汤姆和我的关系看起来帮助他承担起了风险，之前，他太过恐惧以至于不敢尝试。他改变了工作情境让自己能够赚得更多。在与妻子的关系中，他的果敢自信引发了更加公开和强烈的婚姻冲突。在通过婚姻治疗解决他们之间的差异的尝试失败之后，汤姆和妻子离婚了。汤姆的一个重要主题是他所称的"划清界限（drawing the line）"。他首先和工作合伙人划清界限，之后和妻子，接着和我。"划清界限"包含了自体-界定（self-delineation）和自体-坚定两方面。在成长过程中和他的母亲划清界限曾激起他强烈的罪恶感和焦虑。

他已经很久没有惊恐发作和严重焦虑了，这些在开始治疗之前常常发生。当治疗结束的时候，汤姆进入了一段新的关系，他在这段关系中感到非常快乐，我们之间看起来也不再是他和前妻关系中的那种病理性的理想化和依赖。

移情的镜映自体客体维度

科胡特（1971）论述到，镜映自体客体移情被激活能促进夸大或自负自体的成长性恢复，从而减轻它们的成熟受到抑制后导致的病理性影响。正如第2章讨论的，科胡特提出，如果夸大自体的发展被严重阻碍，它就不会逐渐整合到主要的人格组织内。科胡特相信，这种情况的发生或者是创伤的结果，或者是因为孩子父母的非共情人格特质使他们没有能力镜映孩子的自豪和自负。不管是哪个原因，夸大自体停留在古老原初形式，从人格中更加现实的部分被压抑或分裂出来，并且不受外在世界影响（Siegel，1996）。科胡特认为，镜映移情包括夸大自体"对肯定的迫切需要"——这是我们所有人曾在儿童时都有过的体验——在意识和无意识中的浮现，经由分析场景的退行拉力而再活化（Wolf，1985）。

科胡特坚持认为治疗师应共情回应病人展现的夸大-自负自体（grandiose-expansive self），同时必须注意病人的防御和羞耻感，从而促进夸大-自负自体在镜映移情中的激活。对于镜映移情的浮现和维持，治疗师必须理解并以接纳的态度回应病人对她的各种体验和需要，并在病人的发展史背景下理解它们的意义。科胡特强调，治疗师接纳病人阶段-恰当的夸大-自负的需要和欲望，是为了抵消其人格惯于阻隔夸大自体的倾向——借由否认、隔离和压抑等防御。病人害怕夸大-自负幻想和欲望的再激活将遭遇与童年时相同的创伤性缺失赞同、回响或回应。当移情的镜映维度处于前台，治疗可能开始主要集中于病人想要获得认可和肯定的夸大-自负自体。

金德勒（Kindler，1996）指出，在移情的镜映维度，病人会把他对分析师的体验象征性地表述成他和一个赞赏他或肯定他的他人（an admiring or affirming other）的关系，例如，"我的分析师爱我，欣赏我，觉得我很受欢迎"，等等。治疗师可能同意这个描述，也可能不同意，外在的观察者也许能感知到这个特征,也许感知不到。病人的先占需要和期望连同治疗关系提供的"自体客体体验触发器(triggers for selfobject experience)"一起唤起镜映体验(Kindler,1996:10)。科胡特(1971)相信,镜映移情为病人创造了一个安全的位置,使他能够坚持这个困难的任务——使夸大自体面对更加现实的自体概念。

科胡特煞费苦心地强调,分析师促进移情的镜映维度的浮现,并不意味着分析师力图提供病人童年体验中缺乏的欣赏和肯定。分析师的任务是促进夸大-自负自体的呈现和成熟,而不是去满足它。分析师共情地理解病人对认可和肯定的欲望,这会让病人体会到被镜映。分析师不是积极主动地"镜映"。这并不是像有时所暗示的,是一个独立的分析活动。

F 小姐:镜映自体客体维度的案例说明

科胡特的 F 小姐案例(参见第 1 章)就是关于移情的自体客体维度很好的案例。每当科胡特的评论和诠释比 F 小姐在当前会谈所说的超前一步时,F 小姐就变得非常愤怒,谴责科胡特毁了她的分析。欧内斯特·沃尔夫评述到,F 小姐不能忍受科胡特在二元关系中处于启动中心位。她朝向科胡特的愤怒、苛刻行为暗示,她期望科胡特完全让位于她的想法,放弃他的主动性并完全专注地接受和肯定她选择呈现给他的任何方面。 就这一点来说,她期望科胡特充当她的延伸。正如沃尔夫所说,"这样的索取令人联想到朝向臣民的绝对但并不稳定的君主的态度……有人可能会说镜映移情是在此时此刻的分析情境中对婴儿陛下的古老索取的再演出。用自体心理学术语来说,这些需要是任何一个孩子对肯定的迫切需要。(1985:272)"

自体心理学的诠释过程

科胡特（1977）相信，精神分析有两种方式来推动治疗进程：有策略地交替使用理解和解释。科胡特对于理解的标准非常严格，态度鲜明地表示，过早的解释是不可取的。理解来自仔细地倾听，在某种意义上要求来自分析师的大量倾听。分析师必须内省自己如何体验病人的在场，并努力通过共情来理解病人的整体主观世界。科胡特将内省（和共情，它的替代性对应物）集中在病人体验的多重意义、多种动机和复杂关系上。另一方面，经由对特定事件的推理或推论而获得一般性原则，从而推进了解释。分析师在病人的生活故事和当前体验之间探寻因果关系，从而形成暂时性假设和理论建构。科胡特精辟地总结道："精神分析解释的是它首先理解了什么。（Ornstein and Ornstein，1985：45）"

科胡特的同事安娜·奥恩斯坦和保罗·奥恩斯坦（1985）详细阐述了自体心理学的交互过程观点，强调分析过程最为重要的不是分析师的话语或者（病人）对分析师话语的思考，而是病人如何体验分析师的话语。换言之，至关重要的是分析师应该意识到他自身对病人体验的影响。

另外，奥恩斯坦强调整体交互过程的关键特征：一切呈现都是在自体—自体客体的基质内发生的。只有在这个基质的共情性背景下，才能理解治疗中所呈现的。只有尽力去理解病人，我们才知道自己是否理解了他。他们警告，我们需要把病人对我们和干预的体验作为我们的影响的唯一指示器，不要把病人的反应和我们的意图相混淆。

在交互过程中感到被理解具有非常重要的意义。奥恩斯坦陈述它是分析师的诠释具有情感影响力和意义的关键。他们既认为理解是持续进行的过程，也认为它是分析性对话的累积成果，源自持续关注病人的自体体验。奥恩斯坦确信，理解过程中的重要成分就是分析师与病人的体验待在一起，并表明她这样做是为了维持一种和病人在一起的可靠的联结感。因而,奥恩斯坦显然把理解过程视为一个多层面的人际过程,不单单是认知运作(cognitive operation)。

感到被理解有助于建立并维持病人对分析师的自体客体体验。因此,奥恩斯坦认为,频繁地感到被理解会持续加强病人自体感的稳定和统整。

奥恩斯坦强调对渴望的诠释过程的作用,这个渴望源于长期受挫的自体客体需要。他们主张,仅仅是共情接纳、理解和解释这些童年渴望就能促使它们逐渐转化,并最终被整合进成人心智。这个努力的关键就是分析师如其所是地理解接纳病人。尤其重要的是共同描绘病人保护人格完整的动机和自体-保护运作(self-protective operations),例如,伊温妮对回避的泛用。

他们指出,这部分诠释过程涉及描述自体-体验无意识的、分裂的、压抑的方面,尤其是关于自体客体渴望的。科胡特常常把注意力集中在病人发现在和分析师的关系中缺少什么上,"你确实需要再三地向病人指出他是如何防御性地撤回的,因为他预期他将不会得到他想要的,而且他并不敢让自己知道他想要的是什么"(1996: 373)。因此,分析过程取得进展和深化的证据是病人更多地接近感受和记忆,结果就是更直接、更频繁地表达之前防御的欲望和渴望。按照这个方式,这些被隔离的欲望就能成为更整合、更丰富的整体自体-体验的一部分。奥恩斯坦强调,关键在于,只有病人——而不是分析师——才是那个把这些长期防御的情感带入觉察和分析过程的人。这就暗示病人现在感到这样做是安全的,并不是分析师为他做这个决定。

自体心理学的另一个诠释重点是在探索内容之前,诠释有时应集中于体验的结构。当病人被崩溃焦虑淹没时,他不关注究竟是什么促发了那个内在危机,而更关注尽可能迅速地从这个焦虑中得到解脱——打个比方,就如与知晓起火原因相比,着火房屋内的居民有其他更加迫切的关注点(Mollon,2001: 2)。科胡特(1972)观察到,在某些心理状态下,病人的自体感已经有了不安，并感到发生了变化。他建议治疗师在诠释病人体验的内容之前，首先诠释这个自体-改变（self-alteration）的感觉。

诠释的前缘和后缘概念

在架构和表达诠释时，科胡特主张分析师通常可以结合他所称的诠释的前缘（leading edge）和后缘（trailing edge）（参见 Miller，1985）。科胡特所说的"前缘"指的是这时的诠释充分体现病人的挣扎，病人尽力获得或维持的自体-体验特征，正在逐步展开或发展的那方面移情，以及病人生活中的进展。科胡特对"前缘"的强调反映他隐含的乐观观念，即所有人类朝向健康的内在努力（参见第12章）。"后缘"的意思是潜藏在病人动机和防御之下的动力性的和历史性的基础——换言之，病人为什么会有特定的欲望，并展现他特定的自体-保护和应对方式。

拉赫曼（2000）指出，前缘诠释在治疗中可以单独表达。可是，没有包含前缘的后缘诠释会被体验为对抗性并对病人造成伤害，产生医源性伤害（iatrogenic injury）。拉赫曼观察到，如果向病人给出有效的前缘诠释，就会带给病人一种被理解的感觉，能够感到启发性和缓解性，并能为体验或行为方式建构一个更宽广、更有意义的历史背景。

伊温妮：诠释的案例说明

在早期治疗中，针对伊温妮弥漫性地使用否认，我同时使用前缘诠释和后缘诠释。这类诠释的典型表述是："我们知道，当你不再让焦虑阻止你做你想做的时，你会感觉更好，就像你去参加保罗的舞会。过去，你这样做就得面对父母传递的信息，你开始相信你的焦虑太过强烈，以至于无法处理。"

史托罗楼对自体心理学诠释过程的补充观点

史托罗楼和他的同事（Atwood and Stolorow, 1984; Stolorow, Brandchaft, and Atwood, 1987）认为，精神分析的理解是一个主体间过程，是在两个人的世界之间的对话。史托罗楼认为，精神分析诠释的形成过程需要对病人迥然不同的主体体验世界的组织原则做出共情推论。在分析性交流的过程中检视这些共情推论的准确性，同时在持续探索的过程中交替使用分析师对自身主观现实的反思，形成两者的交互作用（Stolorow, 1994）。

史托罗楼认为，他的交互过程概念使精神分析界长期存在的争议不复存在，即关于认知洞察力和情感依恋在治疗改变过程中的作用的争议。

他坚持，一旦精神分析情境被看作共同的和相互影响的主体间系统，通过诠释获得洞察力和与分析师的情感联结这两者之间的分裂就不复存在（Stolorow, Brandchaft, and Atwood, 1987）。例如，他主张，分析师准确的移情诠释的治疗效应，不仅在于诠释赋予洞察力，而且在于它们展现了分析师与病人的情感状态和发展渴望同调（Stolorow, 1994）。"每一个移情诠释都成功地向病人阐释了他的无意识过去，与此同时，也使一个错觉性当下（an illusive present）具体化——理解性在场的分析师所带来的新的体验"（Atwood and Stolorow, 1984: 60）。与奥恩斯坦的观点一致，史托罗楼（1994）主张，如果一个诠释要具有治疗效应，它就必须让病人有被深度理解的新体验。

史托罗楼认为，诠释对治疗效果的额外贡献是在治疗过程中，（病人）体验到被（治疗师）理解的这个特定时刻，对一个特定病人而言具有特定的移情意义。在移情的特定时刻，病人被激活的需要和渴望将会影响感到被理解的意义。为了对此加以说明，史托罗楼（1994）描述了在不同的移情自体客体维度居于前台时，这个意义的某些特征属性。例如，如果病人渴望分析师成为坚强平静的保护性双亲，而她只需成为一个孩子和青少年，分析师的理解很可能服务于恢复失去的理想化。这个理想化移情体验通过提供力量和安全的典范来增强稳定性。正在体验移情的镜映自体客体维度的病人被理解的感受可能唤起被分析师深切重视的感觉。正在体验孪生自体客体移情维度的病人被理解的感受可能被他视为发现了所渴望的心灵伴侣的证据,这种相似性能缓解长期存在的痛苦的异类感。

恰到好处的回应

霍华德·巴卡尔对科胡特的恰到好处的挫折这个概念持批评态度(参见第5章),与此对应,他(1985)接着论述,应将恰到好处的回应(optimal responsiveness)的概念作为治疗师治疗行为的指导原则。巴卡尔把恰到好处的回应定义为"在特定的病人及其疾病的背景下,治疗师的回应在任何特定时刻都与临床治疗高度相关"(202)。恰到好处的回应指治疗师的反应能促进若干类型的治疗关系,并且这个关系发生于交互(interactive)且相互(reciprocal)的系统中(Bacal,1998)。

巴卡尔对恰到好处的回应和共情做了区分。**共情**是治疗师经由内在世界的同调来形成对病人的理解的过程。**恰到好处的回应**是指治疗师向病人表达她的理解。

巴卡尔的基本假设是每个人为了实现朝向发展和成长的基本趋势,要求自体客体-提供者他人(selfobject-providing other)恰到好处地回应。治疗师的回应和病人自体——自体客体组织水平应相互匹配。

这个回应常常但未必一定是通过言语评述和诠释进行沟通的。例如,科胡特(1980)举了一个例子,他允许一个极度脆弱的女病人在某个非常困难的时刻抓住他的手。巴卡尔指出,很难对恰到好处的回应加以概述,因为存在个体心理需要的特异性和治疗二元关系的复杂性。能够概括的是恰到好处的回应包括:(1)病人体验到与预期的重大差异,病人原本预期治疗师的行为方式将重复病理起源的问题或创伤体验;(2)病人体验到分析师的回应方式促进成长、增强并提升自体感的活力(Bacal,1998)。

恰到好处的回应进一步推动自体心理学朝向强调病人和治疗师的关系体验——特别是关于病人的自体客体体验——并减少科胡特强调的治疗过程中的诠释。关于治疗师在治疗行为中的位置是关注洞察还是关注关系体验,在自体心理学取向的执业者当中存在非常大的差异。

反 移 情

科胡特概念化的反移情

在最近的精神分析论著中,关于反移情的看法已经发生了非常显著的转变,不再把反移情主要看作分析师的不良干预,或者更糟糕地,看作分析师自己的病理反应;而是已经开始关注把反移情作为精神分析治疗的诊断和治疗工具(Wolf,1979)。对反移情的重新思考是(精神分析)从实证科学(positivistic science)向相对科学(relativistic science)的整体范式转变的结果。在实证科学的模型中,分析师的核心策略是作为客观观察者。在相对科学的模型中,"现实"被视作由分析师-观察者共同塑造的(Fosshage,1995a)。

虽然科胡特促进了精神分析的范式转变,但是他没有把他的反移情观点置于这个转变中。相反,他赞同关于反移情的经典观点,仅仅把它看作分析师面对病人移情的有问题的反应。更具体地说,科胡特在自体心理学框架内把反移情看作分析师自身自恋失调的痕迹,并且阻碍了病人自体客体移情的发展和分析(Orange,1993)。

科胡特概念化的特定反移情

对应治疗过程中展开的三种类型的自体客体移情(镜映、理想化和孪生移情),科胡特(1984)指出,可预见三种类型的反移情被唤起。在更为古老的镜映移情中，治疗师将经历困难体验，承受着病人很少认可并承认分析师分离的独特人格，因为病人常常把分析师看作其自体-体验的延伸空间。不被当作分离的独特个体的体验会唤起治疗师的若干特征性反移情，这部分取决于分析师特定的自恋脆弱性。

科胡特（1971）观察到，在镜映移情中最常见的反移情反应是治疗师变得无聊、注意力涣散或者困倦。在孪生或另我移情中，病人想拥有和治疗师类似或亲切的体验，最常见的反移情反应是分析师对独立身份的主张。例如，通过讨论他的观点如何区别于病人的观点，治疗师可能觉察到自己正在坚持其独立身份。在理想化移情中，病人把分析师体验为钦佩的且提供稳定力量的来源，分析师的常见反移情是通过给出一些贬抑现实情况或者自我贬低的评论来摆脱分析师自身内在不安的自恋回响。

同样重要的是病人理想化移情的防御维度，以及这些防御如何触发治疗师相应的反移情反应。例如，理想化移情萌发的早期迹象常常表现为公开批评治疗师，这暗示对发展理想化移情的防御。如果没有被认知到并被处理，治疗师被伤害或被轻视的感受可能会干扰移情的发展。可是，如果治疗师认知到这个情境并且认识到这并不表明是他需要克服的弱点，这些令人不快的体验就可能成为理想化移情正在浮现的指示器。

分析师的自体客体需要对反移情的影响

治疗师就像病人一样会把她的自体客体需要带入治疗情境，这个观点在沃尔夫（1979）看来是合乎逻辑的。他指出，对于治疗师共情病人体验，治疗师的反移情是不可忽视的。此外，沃尔夫建议使用自体客体反移情（selfobject countertransferences）这个术语指代病人的自体客体移情的治疗师对应物，与是否由病人唤起无关。

较之科胡特，巴克沃和汤姆森（1996）在更谨慎发展的关系架构内工作，他们对反移情的看法建立在沃尔夫的观点之上。他们在沃尔夫的观点上进一步论述了病人和治疗师自体客体需要的双向作用。也就是说，治疗师和病人都从彼此的回应中获得了不同程度的支持。因此，当这些重要的需要受挫时，治疗师就像病人一样可能体验到关系的自体客体维度的破裂。巴克沃和汤姆森提到，治疗师一般抱有对病人的各种期望，有些是意识的有些是无意识的，其中许多自体-客体需要是在治疗过程中经由病人回应具身化的。他们指出，有些需要是普遍存在的，有些需要在特定的病人-治疗师配对中独有。部分被包含在病人按惯例遵循的治疗仪式和程序中，例如，按时到达和离开、支付费用、专心倾听治疗师的评论和诠释，等等。他们指出，治疗师通常会认为这些治疗程序和仪式是理所当然的，并没有觉察到其中包含对于他们的自体客体功能的具身化。也许，治疗师最常有的自体客体需要是镜映或确认她的治疗功能和有效性、她的理解能力以及有同情心的人道主义动机。

　　作者评述，当病人和治疗师的自体客体需要均被满足时，自体客体需要的持续双向调节系统会产生一种和谐的治疗氛围。在这些时刻，治疗师会体验到自体-调谐性情感（self-syntonic emotions），例如对病人的喜欢、友好、关心、同情、适度的理想化和赞同。

　　但是当治疗师的自体客体需要没有被满足时，治疗师可能体验到自体-状态破裂的痛苦感觉，这也许将降低治疗师的治疗功能。这些破裂包括失去兴趣、疏远、持续的厌烦、困倦、性欲、憎恨和鄙视（Bacal and Thomson，1996）。治疗师的这种自体客体破裂常常影响并降低同调和恰好回应病人的能力。依据治疗关系的双向调节视角，当病人的自体严重破裂的时候，通常不必惊讶，治疗师的自体客体需要也会被极度挫败。在大部分情况下，治疗师将会体验到丧失效能感。同时，治疗师很可能体验到各种不适感，例如不够好、愤怒、对自己失望并感到羞耻。想想我在埃文个案中的体验（见第4章）。

　　巴克沃和汤姆森相信，治疗师对自身关联于病人的自体客体需要感到羞耻，这是导致限制性及破坏性的反移情反应的重要因素。相反，他们主张治疗师应该对被病人激起并与之关联的自体客体需要持接纳的态度。他们相信，减少自我保护性的避免认知和觉察到这些需要，治疗师的功能会得到提升。否则我们将很有可能无法共情地共鸣并恰当地回应病人被否认的自体客体需要。

巴克沃和汤姆森声称治疗师在这个方面的处境就和病人一样。如果治疗师不能认知和接纳自己关联于病人的自体客体需要的心理合理性，那么治疗师的自体客体需要将会激化并可能更倾向于付诸行动。而且很有可能是在和病人的关系中将这些需要付诸行动。

福斯吉的倾听位概念对自体心理学反移情观点的补充

福斯吉（1995b）从自体心理学理论架构出发，对反移情的再论述做出了重要贡献。他在倾听位（本章前面的内容）及反移情内涵方面的工作成就是发展了自体心理学治疗师在临床上应用他和病人在一起时的关系体验的理论依据。

福斯吉陈述病人和治疗师变动不一（variably）地共同决定反移情，也就是分析师对病人的体验。他注意到，和移情一样，从这一刻到下一刻，每一方影响反移情的程度既可能很小，也可能相当大。

福斯吉并不使用反移情这个术语，更愿意使用"分析师对病人的体验（analyst's experience of the patient）"。他相信这个术语相对于"反移情"有两个优点：第一，更加充分地反映分析师参与分析过程的复杂性；第二，他相信这个术语更恰当地突显出分析师的体验是引导探索和干预的核心。

福斯吉认为，自体心理学强调分析师共情是为了进入病人的体验世界，这乍一看似乎最小化了分析师体验的重要性，但事实并非如此。他指出，共情探索要求治疗师的情感共鸣和替代性内省，这些聚焦于病人但也必然经由分析师的体验的过滤。因此，他的结论是在自体心理学的分析中——和所有分析一样——分析师的体验具有至高无上的重要性。

在福斯吉看来，分析师的体验居于这样两个"倾听位置"：主体-中心倾听的视角（subject-centered listening perspectives）和他者-中心倾听的视角（other-centered listening perspective）。主体-中心倾听位置是指优先从病人的视角倾听，这是为了使治疗师体验性地与病人的情感和体验共鸣。这就是自体心理学所称的"共情导向的倾听（empathically oriented listening）"。这个倾听位促进治疗师对病人的认同。他者-中心倾听位置是指优先从病人的关系他人的视角倾听。福斯吉指出，这个位置通常是客体关系和人际关系的优先倾听位。他观察到，传统上讨论的反移情蕴含的倾听是从他者-中心的视角进行的——例如病人是诱惑性的、操纵的、控制的，等等。

福斯吉认为，当一个人倾听另一个人的时候，倾听关系通常涉及在这两个倾听视角之间自然摆荡。在治疗性相遇中，作为治疗师的我们在这两种倾听模式之间来回移动，利用每个倾听立场获得的重要体验就能为病人提供最大的帮助。主体-中心视角倾向于减少我们作为病人的关系他人的各种反应，他者-中心视角则强调了这些反应。例如，如果病人抱怨治疗的某些方面，主体-中心视角就会促使我们从作为他者的个人反应（例如，受伤感、被激怒等）中"去中心化（decentering）"（Piaget 1974；Atwood and Stolorow，1984），从而将我们的注意力转变到理解病人与我们一起时的体验上。

福斯吉注意到，有压力的交互作用倾向于自动触发我们内在的他者-中心倾听视角，这常常为我们提供关于病人和他们人际关系（也包括我们）的有价值的体验和认知。在这些时刻，他坚持主张分析师首先移动进入主体-中心视角的能力，能够为双方创造一个观察平台（Lichtenberg，Lachmann，and Fosshage，1992）。福斯吉说，精通并聚焦于倾听视角的移动，能够让我们更加有效地利用我们的反移情和我们对病人的体验。

伊温妮：倾听位的案例说明

在伊温妮的治疗中，她频繁地从我这里撤回的反应最初让我感到很吃惊、困惑，有时会感到受伤和被拒绝。她的撤回形式（从我的他者-中心视角）包括突然长时间沉默、明显迟到、有时缺席会谈。但在治疗的前几年，我选择不和她分享我的这些个人反应，而是只聚焦于她在这些时刻的体验（福斯吉的主体-中心视角）。我相信，在那时和她分享我的体验将会导致她感到我在批评她，反而无谓地证实她认定我是挑剔的父亲形象的重复性移情，导致她更加自我保护，适得其反。

但是在移情的自体客体维度被巩固后的某个治疗时刻（她对我的体验是肯定的男性，对她感兴趣并能够容忍和包容她的所有感受），我开始和伊温妮分享我对她的撤回行为（撤回行为已经减少了）的反应。她在治疗几年后开始约会，这时我们在她与男性的交互背景下讨论她的撤回行为。利用我的各种反应，我一再指出在她描述的和男性的关系中，她习惯性地使用撤回反应和冷漠行为，许多男性会像我一样常常感到困惑、受伤和拒绝。更多地引入我的体验，这个焦点的转变看起来帮助她认知到她对他人的影响。实际上，她一开始很惊讶，接着很高兴听到她对我有这样的影响。

自体状态的梦

科胡特（1977）补充了一个有助于理解梦的概念，即"自体状态的梦（self-state dream）"。相较于我们通常的梦，在自体状态的梦中，意象相对不伪装地描绘梦者的自体感。在这些梦里，显性梦境揭示梦的本质意义，较少有进一步的自由联想信息（P. Tolpin，1983）。弗洛伊德（1920）曾阐述在创伤神经症病人的梦中，创伤事件被如实描绘，科胡特把自体状态的梦和弗洛伊德的这个阐述联系在一起。在自体状态的梦中，我们看到的图像是病人如何"焦虑地反映出自体状态令人不安的改变"(Kohut, 1977: 109)。科胡特认为，自体状态的梦"为了应对心理危机，试图通过可以命名的视觉表象覆盖在难以描述的心理过程之上"(109)。

许多自体状态的梦的核心是崩溃恐惧。这些梦预示受到威胁或即将发生灾难。病人恐惧丧失统整自体——"身体和心智在空间中的碎裂和疏离，时间连续感的中断"(Kohut, 1977: 105)。典型地，这些梦涉及正在瓦解或者将要破碎的事物。科胡特回忆到，这类梦类似于"不断蔓延的害虫……令人恐怖地侵入"某人的家或者是"游泳池中出现不知名的藻类"(105)。在其他类型的自体梦中，自体状态被描述为"一处空旷的环境，正在燃烧的森林，渐渐破败的社区……失控的飞机越飞越高"(Kohut, 1980: 508)。这些梦描绘出一种灾难感和自体的耗竭感。更通常地，这样的梦也许预示了抑郁的自体状态，例如绝望、碎裂、轻躁狂、失去方向和抑郁(Lachmann, 2001)。

后科胡特理论家对自体状态梦的阐述

保罗·托宾(Paul Tolpin, 1989)建议进一步拓宽科胡特的概念化。他提议自体状态的梦应该被看作连续体上的一点。这个连续体是从轻微抑郁到灾难性瓦解的不同程度的自体-破裂。不管怎样，共同的是梦的主要焦点都描绘了自体状态、情绪和体验组织。

尽管受到科胡特的自体状态梦的概念启发，但是阿特伍德和史托罗楼(1984)的理解与科胡特稍有不同。他们的核心观点是这些梦通过使用具体的象征符号承担着这个关键功能：心理结构的保护者。阿特伍德和史托罗楼质疑科胡特的观点：自体状态梦的感知意象的首要目的是命名之前无法命名的心理过程。他们认为：

> 通过生动地具体化自体受威胁的体验，梦的符号象征将自体状态带入仅仅伴随着感官知觉的确信感和真实感的焦点意识

（focal awareness）。这些梦中的意象……既封装了对自体的威胁，也呈现了自体-重建（self-restoration）的具体努力。

阿特伍德和史托罗楼扩展了科胡特的论述，提出的理论指出，在自体状态的梦中，意象不仅维持了自体组织以应对自体-溶解（self-dissolution）的危险，而且帮助巩固了新的、正在浮现的组织或主题——它们正在逐渐成形。因此，他们的理论进一步指出，这样的梦服务于两个关键功能：(1) 维持个体主观世界的组织，其中的既有结构正在分解；(2) 巩固未成形的或虚弱的组织主题，它们正在成形的过程中。

除了自体-维持（self-maintenance）功能，福斯吉（1983）进一步扩展了这个模型以涵盖梦的发展功能。按照这个视角，梦不仅维持心理结构，并且有助于发展新的体验组织（Fiss，1988）。

保罗·奥恩斯坦（1987）引述如下梦作为自体状态梦的典型示例。他的一位病人梦到自己"处于一栋摇摇欲坠的、瓦楞铁皮结构的房子内。中间有一个梯子——歪歪斜斜，就像这栋房子一样，看起来很快就要坍塌了"。病人评论他的梦："那就是我在情感上生活的地方，在一栋摇摇晃晃、马上就要坍塌的房子内。这栋房子就是我……我感受的方式……不仅仅是刚才，而是总是……我的生活中没有稳定，我总是有坍塌的危险。我就那样提心吊胆地生活着"（92）。

从实证模型到建构模型的范式转换对自体心理学临床实践的影响

自体心理学促进了精神分析从实证模型向建构模型的范式转换，并且也受到这个范式转换的影响。范式转换促成自体心理学关于治疗师角色和治疗过程相关观点的形成。治疗师不再被看作病人的有距离的（distant）、客观的观察者。而且，治疗师也不再被看作充当病人现实仲裁者的权威人物，这是弗洛伊德学派、克莱茵学派，有时也是人际学派的惯常做法。另外，科胡特（1984）强调，观察者和被观察者是不可分离的，而且常常彼此影响。治疗师/分析师反而变得更像是卷入的、相互影响的、体验性的参与者（具有临床专业知识）。促进改变的关键不仅在于治疗师所认知的，更在于治疗师所体验并赋予意义的。自体心理学认为，在这种情况下，治疗师的角色不仅包括协助创造及促进病人成长性的关系体验，而且包括与病人合作并指导病人共同探索，以理解病人的体验和行为。

从驱力降低到关系模型的范式转换对自体心理学临床实践的影响

与经典精神分析的比较

在精神分析从驱力降低模型向关系模型的范式转换中，自体心理学起着很大作用。在驱力降低模型中，人被看作受到驱使以通过关系来寻求对性和攻击的生物本能的满足。与他人的关系被看作获得驱力释放快乐的途径。获得驱力释放的尝试常常被环境和文化挫败。个体的成功和幸福主要取决于个体能在多大程度上成功地越过这些障碍并实现驱力满足。

弗洛伊德和他的追随者一直把精神分析临床实践看成一种减少冲突的方法，即伪装的驱力表达与超我要求和现实环境的冲突。做到这一点的主要方法是通过分析师诠释被分析者的无意识过程——例如梦、口误、自由联想序列、移情模式，等等——而获得的洞察。因此，精神分析临床方法以被分析者的自由联想为中心——也就是无论进入意识的是什么——以此向分析师提供最有可能进入被分析者无意识想法和过程的入口，分析师此时被看作紧贴这个过程的外部观察者。分析师以均匀悬浮注意的方式贴合病人的自由联想，如此就能够探测到病人的无意识冲突，并能够形成关于这些冲突的准确诠释。按照这个模型，分析师的位置——既是实际地（坐在病人后面），也是象征性地——与被分析者/病人保持一定距离。分析师是一个有些远离的并且不满足（病人）的角色（分析师满足病人会阻碍并干扰被分析者的无意识、基于驱力的自由联想）。

为了帮助分析师在面对被分析者时保持最有效的立场，弗洛伊德推荐若干分析师行为的技术原则。它们是中立、节制和均匀悬浮注意。

自体心理学临床实践的主要指导原则

对比于前述经典精神分析方法，自体心理学推荐如下关键原则。

1. 共情倾听居于首位。
2. 密切跟踪病人的自体状态。必须认知并理解病人自体感的症状变化。
3. 密切跟踪病人对分析师的体验。包括紧密跟踪自体客体联结的状态和分析行为或活动对病人的意义。
4. 关注破裂和修复体验。当病人和分析师之间（在自体客体联结中）发生破裂时，对这样的破裂要进行分析。
5. 理解阻抗，它既是自体-保护，也关联于移情的负向-重复性维度的体验。
6. 关注病人体验的前缘。包括病人的需要、挣扎、期望、自体发展和实现的动机。
7. 关注从病理性禁锢中获得自体-解放的需要。（Sorter, 1995）

第8章 思想人文和社会文化对科胡特的影响

科胡特成长于刚刚跨过20世纪的维也纳。出生的那一年（1913年）爆发了人类历史上影响广泛、毁灭性的第一次世界大战。巧合的是，弗洛伊德也在这一年发表了"论自恋（On Narcissim）"这篇著名论文。20世纪初期的维也纳是欧洲的思想中心，是酝酿创造炽热活跃的思想之地。许多领域都发生了翻天覆地的智性创新，包括音乐、哲学、经济、建筑，当然也包括精神分析。在所有这些领域，创新者突破历史观念的束缚，这些观念曾是19世纪自由文化的核心，创新者曾在这样的文化氛围中接受教育[Schorske，1981（据美国国会图书馆记载）]。

颂扬个体主体性对科胡特的影响

当时的思潮之一就是强调——有时甚至是颂扬——个体主体性。卡尔·休斯克（Carl Schorske）是维也纳的思想史家，他指出，这是一个中产阶级开始关注自我修养和个人幸福的年代。这个趋势反过来推动个体高度专注自身精神生活。例如，当时的报纸上有一个极受欢迎的文化板块——"专栏（feuilleton）"，它的风格就是一个推崇主体性的例子。专栏作者使用自己丰富多彩的想象润饰渲染他的材料。作者对自身体验的主观反应以及他的感受基调比话语中的推断论述更为重要。描述感受状态成为一种表达判断的模式（Schorske，1981）。

正如已论述的，强调个体主体性是自体心理学的核心。科胡特认为，主体性构成了精神分析探索的全部领域。自体心理学认为，所谓的外部事件只有在病人体验并且组织它们时才具有意义（Orange，1995a）。科胡特深受哲学家伊曼努尔·康德（Immanuel Kant）的影响，相信真实的本质不可认知。他坚持认为我们最能做的是依靠我们可以使用的观察工具：理解外在世界依靠我们的感觉器官，理解内在生命依靠内省和共情。

科学探索模型的转变对科胡特的影响

后期强有力地影响了科胡特的思潮是科学探索模型的转变，也就是从逻辑实证主义/经验主义（logical-positivist/empiricist）模型向后经验主义、后现代模型（postempiricist, postmodern model）的转变。经验主义者相信，已知（known）与知者（knower）无关。科学家是理性观察者，能够如其所是地观察事件而不会影响这些事件。归纳法和实证主义哲学根植于相信"客观性（objectivity）"——经验主义者的术语，意思是观察者不带偏见地观察，也就是存在理论中立（theory-neutral）。而后经验主义思想认为不存在这样的客观性。后经验主义思想的核心信念是理论先于观察而存在。所有的观察都经过我们先入为主的理论透镜过滤。

后经验主义思想的第二个信念是认为并不存在所有知识都可以建构在其上、坚如磐石的锚或基准。真理符合论——假设事物与思想有对应关系，思想是对事物的准确描述——是幼稚的而应被舍弃的。相反，后经验主义者相信，"真理是阐释学，既然它是我们理解和诠释的产物，就不是一个'预设（given）'"（Goldberg，1988: 15）。

因此，后经验主义思想的第三个信念是理论决定意义，意义被理解是经由理论的连贯性而不是通过与事实的符合性（Hesse，1980）。不是理论的可证伪性，而是理论的连贯性和能够"最匹配"经验，两者共同决定该理论的有效性，即是否比另一个理论更胜一筹。

后经验主义-主观性立场是自体心理学哲学基础的核心，就如经验主义-实证主义-客观主义模型是经典精神分析的哲学基础的核心。弗洛伊德把精神分析看作一门本着19世纪实证主义精神的科学，建构在生物神经科学之上（Sulloway，1979）。弗洛伊德相信精神分析的经验主义方法论。他认为，病人自由联想的"纯粹资料"能够在超然的（detached）、匿名的科学家-分析师的"空白屏幕"上，以未被污染的形式被详查。经由对科学过程的恰当使用，分析师能够看到病人的动力学"事实（facts）"，从而能够形成正确的诠释并构建可靠的理论（Orange，1995a）。

尽管科胡特遵循经典方法多年，但他发展自体心理学理论时基本逐渐转变到了后经验主义立场。在这样的脉络下，科胡特坚持认为，"一个观察者需要不同的理论来进行观察"（1984: 67）。因此，科胡特认为，（1）理论先于观察而存在，（2）外在事实的观察者不可能是中立的、客观的和没有成见的。

后经验主义的另一个信念对科胡特有相当大的影响，即观察者对被观察对象具有不可避免的影响。物理学已经断言，测量一个现象就影响了这个现象。这就是著名的海森堡不确定性原理（Heisenberg's Uncertainty Principle）。依照这个新观点，经验主义对观察者和被观察对象或主体和客体的区分，不再被视为理所当然的，而是把观察者和被观察者看成在若干方面不可分割的一个单元（Kohut，1977）。用科胡特的话来说就是，"观察者和被观察对象是牢不可破的一个单元，没有把观察者和他的观察工具作为被观察场域固有部分包括在内，就永远无法领会我们所看到的"（1980: 496）。

语境主义成为指导性哲学假设。没有哪个现象、物体或个体是分离、独立的实体。同样地，在精神分析和精神治疗中，科胡特和其他人开始注意到分析师的所是所为会影响病人的所是所为——就如以同样的方式，病人的所是所为会影响分析师的所是所为。语境主义相互依存的观点影响着科胡特对于自体和人类关系的观点。科胡特坚持认为，脱离自体-客体（也就是与之有可靠的自体客体体验的他人）的自体不能获得有意义的理解。自体不是完全个体化地、绝对独立地以情绪疏离的方式运作（Lee and Martin，1991）。相反，自体总是需要自体客体经验。更普遍地，一个人如何感受和如何运作，在很大程度上取决于当前和过去的与重要他人的关系体验。

近代物理学对科胡特的影响

从科胡特的论著中可以明显看到他深受近代物理学的影响。他的论著有大量取自物理学的类比和隐喻。实际上就像伯杰（Berger，1987）所推测的，科胡特的自体心理学模型结构看起来可能源于近代物理学的原子概念。科胡特概念化的自体就像原子一样，存在一个内核；而且就像原子一样，自体的稳定性高度依赖环绕的（潜在的自体客体关系）场。和原子及分子类似，自体存在不同的分化状态，内聚力不足状态各异。另外，就像一个不稳定的原子或分子依靠核子和外围绕转电子的相互作用，不稳定的自体密切地受到它对治疗师的体验的影响。自体客体并没有被概念化为容纳在自体内，而是与自体几乎同样地延伸。因此，自体客体占据的疆域非常类似于原子结构中电子占据的疆域。正如电子影响原子和原子核的特征，自体客体影响核心自体的协调性、统整性和活力。

人文艺术对科胡特的影响

科胡特的人文艺术兴趣影响并塑造了科胡特的感受性。科胡特接受欧洲传统教育并发展出在艺术，尤其是音乐以及哲学、历史和文学领域的长久兴趣。[实际上，科胡特在其事业早期从精神分析视角撰写了大量关于音乐的论文。音符只有在情境中才是有意义的，这个观点也许影响了科胡特情境视角的信念（Orange，私人谈话）。]在这个背景下，科胡特认为，精神分析属于人文学科而不仅仅是医学。他认为，弗洛伊德把精神分析看成一门科学是个错误。

更具推测性地，科胡特强调自体-客体关系和共情是精神存活和自体必需的体验，部分原因可能是他亲历了两次世界大战、法西斯主义和大屠杀。1938年，纳粹德国强占奥地利，当时的科胡特还是一名维也纳医学院的学生。次年，科胡特离开维也纳前往美国，途经英国时滞留在难民营数月以等待允许他移民至美国的必备文件（Cocks，1994）。

科胡特的精神分析背景

可以这么说，科胡特"分析性地"成长于20世纪40年代后期到50年代初期的美国自我心理学时代［20世纪30年代，自我心理学就已在维也纳萌芽，因为战争转移到英国，最终在美国扎根（Mitchell and Black，1995）］。他在精神分析的芝加哥学院接受分析训练。当时，美国精神分析正在高速扩张中，并且极富声誉。那时，来自欧洲的大量难民和美国战时对心理服务的需要促进了这个领域前所未有的发展（Cocks，1994）。作为那个时代的特征，科胡特坚守自我心理学的传统。自我心理学强调自我从内驱力（internal drives）和外部环境中获得自主（autonomy）并在两者之间调和。核心概念是适应性（adaptation）和现实检验（reality-testing）。自我心理学改变了精神分析诠释的焦点，即从诠释无意识的乱伦冲动，转变为探索自我作为自体以及调解者和整合者是如何发展和运作的。

科胡特很快就先后成为芝加哥学院和美国自我心理学取向精神分析的重要人物。他以这个视角撰写了大量论文，并在美国精神分析协会的数个委员会中任职，而且被推选为美国精神分析学会的会长。因此，他在那时成了精神分析组织中最重要的人物，有时甚至被尊称为"精神分析先生（Mr. Psychoanalysis）"。

科胡特对自我心理学的异议

尽管位居精神分析组织的要位,但他对经典精神分析理论和技术变得越来越不满。第一,他有相当多的病人受困于自恋型病理,他很不满意使用经典理论获得的理解和结果。第二,他担心病人必须满足刻板要求才被认定是可分析的。对俄狄浦斯冲突诠释没有反应的病人被看作不可分析的。越来越清楚的是,大部分病人不满足这个可分析标准。因此,经典精神分析发现自身处于一个奇怪的困境:绝大部分潜在客户可能不适合精神分析。第三,科胡特担心精神分析心理概念的论述被不加区分地与其他准则混淆。他在1959年的论文"内省、共情和精神分析"中,讨论了这个议题。

科胡特在"内省、共情和精神分析"一文中的论点

科胡特的论点是,共情-内省观察模式(the empathic-introspective mode of observation)定义并界定了精神分析探索的领域。"共情-内省观察模式"的意思是尝试从一个人内在主观参考框架的视角理解他的表达,而不是从外部视角(Stolorow, Brandchaft, and Atwood, 1987)。

科胡特(1959)提到,我们用感觉器官探索外在物理世界,类似地,我们通过内省和共情探索内在世界。用科胡特的话来说就是,

> 我们不能通过感觉器官来观察内在世界。我们的思想、欲望、感觉和幻想不能被看见、闻到、听见或触摸。它们并不存在于物理空间,但也是真实的,我们能够在它们发生的同时观察到它们,方式是内省自身并共情他人(也就是替代性内省)。(1959: 459)

科胡特说，当我们使用的观察模式的基本成分是内省和共情时，我们就把观察到的这些现象称为心理的。我们也可能使用心理观察的其他元素，例如自由联想（free association）。可是，自由联想只是服务于内省-共情观察模式的一个技术。自由联想是促进精神分析资料浮现的精神分析技术。它并不是一种观察模式。科胡特坚持共情是"发现精神分析事实"的首要工具。

当科胡特坚称这个观察模式定义并界定了精神分析领域时，他的意思是内省和共情可能抵达之处才属于精神分析探索的经验和理论领域。对一个行为或者体验的观察只有以内省和共情进行时，它才可能被认为是心理的。

科胡特竭力反对在精神分析中并入不同理论原则的概念。尤其激烈反对并入基于不同观察模式的理论。他最担心的是基于内省和共情获取资料的心理学概念与基于观察外在世界的生物和社会理论相混杂。例如，他指出弗洛伊德的爱神（Eros）和死神（Thanatos）并不属于基于内省和共情观察方式的心理学理论，而是属于基于不同观察方法的生物学理论。爱神和死神的概念位于精神分析心理学架构之外。

科胡特特别反对他所谓的"心理生物化（biologizing of psychology）"。他指出，驱力是生物学概念，因此不属于内省抵达的精神分析理论范畴。精神分析方法不允许我们谈论任何关于作为生物实体的驱力的本质；但是驱力的内省方面是在心理层面上而且能够成为精神分析的主题。因此，作为精神分析师，我们能够了解各种欲望和感到受它们驱动的体验，但是不能了解这些驱力本身（P. Ornstein，1978）。

关于精神分析认识论论战的历史背景

科胡特可能很清楚这场关于心理学知识本质的论战的历史背景。德国著名的哲学家威廉·狄尔泰（William Dilthey），在1894年就已经提出自然科学和心理科学的研究方法各不相同。在自然科学中，观察资料可以被解释，而心理科学的资料只能被理解。前者是一门解释科学,后者是一门理解科学。

狄尔泰认为,解释是观察者理性分析资料的结果;解释涉及自然科学的因果联系。另一方面,在他看来,心理学理解的获得是通过共情,并且共情需要理解这些资料。因此,心理学能够形成描述性的综合论述,但不能形成关于精神障碍成因的有意义的理论(Berger,1987)。科胡特和后续的自体心理学家遵从狄尔泰的观点,相信自然科学的观察方法与心理学不同,并且相信共情才是心理科学首要的信息收集和组织工具。

著名的自我心理学家海因兹·哈特曼(1927)不同意狄尔泰的立场。哈特曼坚持认为,弗洛伊德的发现实际上已经使对病人症状和人格动力的诠释成为可能。他坚称精神分析的发现已经消除了存在于心理学和自然科学之间的任何差异。

科胡特对弗洛伊德和哈特曼的认识论立场提出异议。在清楚阐明的精神分析认识论立场中,科胡特极大地推动了"精神分析被重构为人类体验的自主科学、人类主体性的深度心理学"(Atwood and Stolorow,1984)。科胡特认为,人类主体性是精神分析探索的全部领域。之后,刚特瑞普(1968)、希尔(1976)、克莱茵(1976)、谢弗(1976)和阿特伍德及史托罗楼(1984)等数位杰出的精神分析理论家加入科胡特的行列,努力"把临床精神分析的现象学洞察从唯物论、决定论和机械论的一刀切基调中解放出来,这个基调是弗洛伊德浸润在19世纪生物学中的遗留物"(Stolorow,Brandchaft,and Atwood,1987: 16)。

第9章　主体间性

我在本章简要概述主体间性理论，这是因为相继发展的自体心理学和主体间性理论之间彼此影响颇深。确实，这两个理论从20世纪70年代后期到现在一直都从对方的理论发展中受益匪浅。

主体间性（intersubjectivity）这个术语在过去20年里已经广为人知，并被不同的理论家以各种方式加以使用，例如杰西卡·本杰明（Jessica Benjamin）、托马斯·奥格登（Thomas Ogden）、丹尼尔·斯特恩（Daniel Stern）和科林·特热沃森（Colin Trevarthen）。在本章，我将仅参考以下理论家的主体间性理论：罗伯特·史托罗楼（Robert Stolorow）、乔治·阿特伍德（George Atwood）以及他们的同事伯纳德·布兰德卡夫特（Bernard Brandchaft）和唐娜·奥林奇（Donna Orange）。

主体间性理论的发展

史托罗楼自述在哈佛大学完成研究生学业时，就首次对主体研究产生兴趣。史托罗楼在那里接受亨利·莫里（Henry Murray）的指导，因此深受莫里人格心理学的影响。人格心理学的基本信念是主张只有通过系统且深入地研究个体，关于人格的知识才能向前发展（Stolorow, Atwood, and Brandchaft, 1994）。几年后，史托罗楼联系罗格斯大学的阿特伍德，后者也受到人格心理学［西尔万·汤普金斯（Silvan Tompkins），莫里的另一名追随者］的深刻影响。在研究了多位著名精神分析理论家（弗洛伊德、荣格、兰克、赖希)的传记后,史托罗楼和阿特伍德(1979)详细阐述了心理学理论是如何被这些理论创建者的主体体验和主体关注塑造的。他们得出结论:精神分析理论需要关于主体性本身的理论。这个理论提供了"一个统一架构,不仅解释了其他理论关注的心理现象,也解释了这些理论本身"(Stolorow,Atwood,and Brandchaft,1994:33)。他们接下来的工作就是试图综合论述这个统一架构。

主体间性理论的另一个根源是早期的现象学,尤其是德国哲学家埃德蒙德·胡塞尔(Edmund Husserl)的工作成果。胡塞尔及后续的主体间性哲学家坚称,所有的体验都是主观体验(Atwood and Stolorow,1984;Orange,1995a)。

主体间性理论的第三个根源是自体心理学。史托罗楼和阿特伍德发现,科胡特的理论既贴合他们的理论,也扩展了他们的理论。他们尤其被科胡特的一个声明(1959,1978)所吸引:主体体验构成精神分析探索的全部领域。科胡特的声明也暗示含蓄地拒绝驱力理论,两位作者对此由衷地赞同。他们因科胡特这一革命性的理论转变(从以驱力动机为主,转变为以自体-体验动机为主)而激动不已。尽管在具体的理论要点上有一些分歧,但是他们完全同意科胡特的这个信念——自体心理学理论的基本信念之一——唯一适用于精神分析理解的资料是经由内省和共情而获得的(Orange,Atwood,and Stolorow,1997)。

20世纪80年代早期,布兰德卡夫特加入史托罗楼和阿特伍德的行列,使主体间性理论更加充实。布兰德卡夫特具有英国客体关系理论背景,临床经验非常丰富。他显然影响了史托罗楼和阿特伍德朝向更加充分的主体间性治疗概念发展。"从这个观点看来,所有的自我(selfhood)——包括持久的人格模式和病理——是在不同主体之间的相互影响中发展和维持的,并具有主体间相互作用的功能"(诸如父母和孩子、病人和治疗师、兄弟姐妹或丈夫和妻子,等等)(Orange,Atwood,and Stolorow,1997:6)。

在他们近期出版的两本书和多篇论文中，史托罗楼和阿特伍德共同与奥林奇合作，后者为他们的合作引入了深厚的哲学背景。

主体间性理论的基本概念

也许主体间性理论中最基本的概念就是**主体间场**（intersubjective field）。它指的是不同组织形成的心理系统，也反过来交互影响主体世界。史托罗楼和阿特伍德主张，"精神分析试图阐明的各种现象，浮现于一个由两个主体——病人的和分析师的——交汇构成的特定的心理场内"（1984: 64）。因此，作者们声称，各种临床现象只有结合它们在其中成形的主体间情境脉络才能够被理解。用这些作者的话来说，就是"病人和分析师一起形成不可分割的心理系统，就是这个系统构成了精神分析探索的经验域"（64）。他们坚称自己的理论是彻底的关于临床现象的关系性和情境性观点。

这个观点的一个重要含义就是，每个病人和每个分析师都是不一样的，这取决于他们构成的特定二元关系，并且这个关系按照交互作用的不同方面持续变化。一个病人不会同样地面对每个治疗师；类似地，治疗师面对每个病人时也会不同。换言之，每个分析性二元关系都是一个持续发展的相互影响的系统，这个系统影响病人和治疗师是怎样存在于那个特定的治疗中的（Beebe，Jaffe，and Lachmann，1992）。

第二个重要含义是个体不可能置身于嵌入的主体间场之外。所以，治疗师的客观性是不可能的，认为客观性存在是一种误导性想法，这是19世纪科学世界观的遗留。分析师是主体间场的一个基本成分，其观察立足点总是在内部，而非外部。他们主张，认知到这个事实就使得作为主要观察方法的内省和共情必然居于中心位置（Atwood and Stolorow，1984）。

我要指出的是，另一个重要原则就是主体间性的必然性。史托罗楼和他的同事认为，婴儿和母亲从一开始就构成一个主体间二元关系，因为即使是一个新生儿，他也有足够的结构参与相互影响的给予和索取。因此，主体间性被看作从一出生就具有的人类功能和人际关系的基本特征（Teicholz，2001）。

主体间性理论的心理治疗原则

依据主体间性理论进行精神分析治疗有两个首要的指导原则。第一，治疗的基本目标是病人主体世界的展开、阐明和转化。所以主体间性分析师认为，分析任务是"诠释阐明病人的无意识组织活动，尤其是这个活动已经呈现在病人和分析师的主体间对话内"。尤其要关注病人以重复的问题性方式组织他们的体验，这些方式是限制性的而且很容易导致令人不适和痛苦的体验。在治疗中要特别强调这些组织体验的限制性和问题性方式（例如，"我是不可爱的""如果我不友好，我就会被拒绝""如果不能控制正在进行的事情，我将被剥削"）是如何塑造病人在治疗关系中的想法和行为的。

第二个原则，治疗催化的转变过程和它们不可避免的脱轨，总是发生于一个特定的主体间系统内（Stolorow，Brandchaft，and Atwood，1987）。换言之，能够有效帮助病人以不同方式体验自身和他人的因素，以及阻碍这个目标的因素，都属于这个特定的二元治疗关系。治疗中的心理成长、停滞和困扰不能被孤立地看作病人内在动力和机制的结果。而应该被看作特定的病人和他特定的治疗师共同构成且独一无二的主体间系统的运作结果。

主体间性理论不是一个精神分析理论

主体间性理论不是通常意义上的精神分析理论。首先，以临床视角来看，与其说它是一个理论，不如说是一种感受力。它并没有像其他精神分析取向的理论（例如自体心理学、经典精神分析和客体关系理论）那样，包含大量的发展理论和临床理论以及技术规范。而是"一种态度，即对观察者与被观察者之间无可回避的交互作用保持持续的敏感性。它假设，与其说是让我们自身进入和浸泡在他人的体验中（自体心理学位置），不如说是我们和他人一起处于主体间空间内"（Orange，Atwood，and Stolorow，1997：9）。

其次，作者们认为把主体间性理论描述成元理论更为贴切。他们认为，它是一种精神分析元理论，因为它检视的场——病人和治疗师的主体性——"所在的系统，是他们创造的并且他们从这个系统中浮现出来，无论是在何种精神分析治疗形式中"（3）。在任何特定的治疗模型内，主体间性都给出了一个关于精神分析治疗的视角。治疗师考虑的是主体间场，这个特定的治疗二元关系与治疗师的特定取向无关，与经典精神分析、人际关系、自体心理学还是任何其他一种治疗模型无关。

主体间性理论关于精神病理发展的观点

阿特伍德和史托罗楼坚称，"对心理发展和致病起源最恰当的概念化方式是考虑特定的主体间情境脉络，它们塑造了发展过程，并促进或阻碍孩子顺利完成关键发展任务，以及成功地经历各个发展阶段"（1984：65）。他们坚称主体间这一概念强调并澄清了在发展中的交互作用域，这是精神分析最关心的。这个域"是这两者之间独一无二的交互作用：孩子脆弱的、发展中的主体性，抚养者更加复杂组织的且稳定巩固的主体性"（67）。最有效的是把孩子发展的每个阶段看作持续变化的心理场，这个场由孩子发展中的主体世界和抚养者的主体世界的交汇构成。

因此，主体间性视角下的致病起源发生于孩子和双亲的主体结构之间的严重断裂（disjunction）和不同时性（asynchrony）。结果，孩子重要的发展需要或自体客体需要都无法从双亲那里得到足够好的回应。"如果双亲不能调整自己去适应发展中的孩子不断变化的需要，那么为了维持所需的关系，孩子将调整自己去适应实际能获得的"（Stolorow，Brandchaft，and Atwood，1987: 90）。一个常见结果就是发展出内在冲突并结构化，例如，"我想要表达我不快乐的感觉，但是如果我这样做，就会让我的母亲非常不安，所以我最好把它们留在我这里"。

在此理论框架下，布兰德卡夫特（1994）在他称之为"病理性涵容结构（pathological structures of accommodation）"的理论中描述孩子如何无意识地涵容他们感知到的依恋对象的欲望。布兰德卡夫特宣称，这个顺从有时会发展到孩子主体性被篡夺的程度。在他建立的理论中，他指出，这些无意识和病理性涵容原则自动延续，以维持和早期依恋对象的联结。他坚称，"在我们的文化中有如此多的个体按照这条路径而隔离于他们内心最深处的本质。他们的主体世界在很大程度上继续被外来现实建构，最初是从外部强加施予的"（1994: 2）。布兰德卡夫特指出，病人忠于这些原则常常构成治疗中未被充分识别的阻抗来源。另外，他认为正是对这个现象认识不足，许多负性治疗反应被潜藏起来。

主体间性理论者认为双亲情感不同调是精神病理的常见来源

史托罗楼、布兰德卡夫特和阿特伍德（1987）提出的理论认为，病理常常由重复发生的双亲回应孩子情感状态时的不同调导致。这个结论合乎逻辑，因为主体间观点认为，情感整合是自体客体体验的核心。他们详细说明双亲执行的四个关键自体客体功能：情感分化（affect differentiation）、整合矛盾情感体验（affectively discrepant experience）、情感忍受（toleration of affects）和使用符号，以及"去躯体化（desomatization）"和情感的逻辑表达。如果双亲不能持续地执行这些功能，孩子将会在关键的情感整合的发展任务上受阻。如果孩子核心的情感状态没有得到一定程度的有效回应，结果就是这些感受被否认、隔离、发展受阻。因为缺失核心情感状态的整合，个体的自体感变得脆弱或弱化。

扎克：双亲不同调的案例说明

扎克是我的一个病人，在一段时间后，我才意识到他强烈地防御体验到悲伤和抑郁的感受。他常常采取行动——有时是以导致其困境的方式（婚外恋、疯狂购物）——以避免在意识上体验到这些恶劣心境。在一段时间后，我们理解到导致当前功能失调模式的主要因素是他童年期对父亲的体验。他的父母在他年幼时离婚。他的父亲告诉他，离婚的原因是他的母亲"过度抑郁"。从这个以及许多其他互动中，让他印象深刻的是他的父亲不能容忍悲伤和抑郁情感。为了保护他和父亲的关系，加上已经因此有了离婚危机，他把这些感受隔离起来。随着治疗的进展，他容忍和表达恶劣情绪的能力逐渐增加，这有效地减少了体验到不适感时付诸冲动行为的倾向，并且以其他方式改善了他的生活。

主体间性理论者重新概念化无意识

史托罗楼和阿特伍德（1992）在主体间性视角内重新概念化了无意识这个精神分析的基本概念。他们提出三种类型的无意识体验或三个无意识领域：前反应无意识（prereflective unconscious）、动力无意识（dynamic unconscious）和未确认无意识（unvalidated unconscious）。

他们把前反应无意识概念化为由情感性信念（emotional convictions）或组织原则（见第6章）建构，在意识之外自动运作。这是孩子从原生家庭的主体间体验中提炼而来的情感性推论（Orange，Atwood，and Stolorow，1997）。这些情感性信念可能涉及关系规则（"如果我不能控制情境，我就会被控制"）、关于自体的看法（"我总是多余的"），或者情感体验（"我的抑郁感受对我和其他人来说太难以控制了，所以我必须隔离它们"）。

动力无意识包括情感信息，一旦被有意识地知道，就必须被忘记或者

"被隔离"，因为这会导致主体的冲突。史托罗楼和阿特伍德解释："就如弗洛伊德理论描述的，这种形式的无意识是动力性的，这类早期体验因为无法对之深思熟虑而持续地呈现为成人生活中的重复问题"（1992: 8）。三番五次地进入虐待性关系是最常见的例子。作者们发现，在这种案例中，对双亲残酷行为的记忆——因为和所需的理想化相冲突——被隔离，阻止他从之前的虐待关系中吸取教训。

未确认的无意识指的是未被清晰表达为意识体验的主体生命的那些方面，因为它们没有从依恋对象那里得到确认回应。作者们提到，一个人的兴趣、才能和性格特征的不同方面常常从未得到应有的认可，被认可才能让这些对主体变得完全真实。例如，某人经过心理治疗后体验到人格中无法表达的方面得到了确认，其职业方向发生了重大改变。

举例来说，我的一位女性病人开始治疗时是一名艺术家，在她的职业中体验到了巨大的挫败。她的家庭对性别有相当刻板的观念，认为家庭中的男性具有"生意头脑"——这个能力是家庭中的女性遥不可及的。我们一起工作以后，她开始认可并确认自己具有"生意头脑"以及卓越的艺术才能，尤其是设计。她结合自己最近发现并拥有的商业才能和艺术才能，开启了她的设计师生意。幸运的是，生意越来越成功也带给了她更多的成就感。

主体间性理论的治疗促进要素

如之前的陈述，主体间性理论的治疗目标是病人主观世界的展开、阐明和转化，尤其是病人的问题组织主题或原则。这个序列的发生借助治疗师立足于持续地共情探索。史托罗楼和他的同事相信，这个立足点促成了主体间情境，病人在这个情境中越来越期望她的感受和体验被理解，包括在治疗关系中的体验和对治疗的体验。这个期望反过来鼓励病人发展并扩展她本身的自体-反思的能力和逐步表达更脆弱、防御的情绪生活的能力。另外，逐渐地"建立起分析师的理解性存在，从而复活早期未被满足的需要，并恢复中止的发展推力"（Stolorow, Brandchaft, and Atwood, 1987: 11）。

更进一步地，与自体心理学一致，作者们相信持续共情探索的立场对建立并逐渐增强与治疗师的自体客体移情联结至关重要，这是促进治疗改变的关键。

主体间性理论的移情和反移情

主体间性理论把移情概念化为病人关于分析师和分析关系的组织活动，病人本身的组织主题或信念塑造了他对治疗关系的不同体验方式。他们将他们的移情观点——移情是组织活动——和之前的移情观点进行比较——移情是扭曲（弗洛伊德的"错误联结"）、抑制、退行、投射和基于生物根源的强迫重复过去。

相应地，史托罗楼和同事把反移情概念化为分析师关于病人和治疗师关系的组织活动。病人和治疗师双方在治疗关系中的组织活动——移情和反移情——共同形成主体间场（Stolorow, Brandchaft, and Atwood, 1987）。因此，他们认为分析师的反移情强烈地影响病人的移情，正如病人的移情塑造分析师的反移情。换言之，移情和反移情共同决定彼此。病人对分析关系的体验总是同时由两方面塑造：分析师的输入，病人通过意义结构（structures of meaning）或组织主题（rorganizing themes）将这些输入融合在一起。

主体间联结和失联对移情和反移情的影响

阿特伍德和史托罗楼（1984）指出，移情和反移情的持续交互常常出现两种情境：**主体间联结**（intersubjective conjunction）和**主体间失联**（intersubjective disjunction）。**联结**指的是病人和治疗师的体验以及组织主题高度重叠的事件。这种情况的危险就在于病人建构中的重要意义没有被探索，因为分析师赞同病人的组织原则，例如"这个世界就是这样的""男人都是自私的"（女性二元体），"女人都是不可理喻的"（男性二元体），"生活没有什么是一帆风顺的"。病人的观点被很不幸地视为反映了客观现实的。

相比之下，**失联**指的是治疗师把病人的材料同化（assimilate）为组织原则，却极大地改变了材料对病人的实际主体意义。长时间失联导致治疗僵局，可能威胁到治疗的继续。阿特伍德和史托罗楼（1984）指出，无论是主体间联结还是主体间失联，分析师的反思性自我觉察和从自身主体世界的组织原则去中心的能力高低，在很大程度上促进或妨碍了治疗进展。他们认为，这些能力能够让治疗师共情地领会病人体验的实际意义。

伊万：主体间失联的案例说明

伊万总是会迟到几分钟。我并没有对此进行讨论，我对自己说："不过就是几分钟而已，可能是我们的手表有些差异，不可能有什么意义。"我没有让自己明确地搞清楚这件事，我相信我是隐约感到要让他放松点儿——别为那么点小事儿（让他）烦恼，那是我的苦恼。这被证明是我们之间真正的失联，它对伊万有特别的意义。当他对我越来越生气并远离我时，他就会在治疗中稍微迟到一会儿。最后，他透露（在一次会谈中，我们谈到他是如何迅速地发现他是受欢迎和不受欢迎的），他认定我之所以没有指出他频繁迟到，是因为我会感到轻松并且很高兴不必在整次会谈中都不得不忍受他的在场。我未能指出他一再发生的迟到，这个主体间失联是因为我半潜意识地假设我这样做是为了让他轻松点儿；而他感到，在我们的关系中，这反而强有力地证实了最令他痛苦的有问题的组织原则。

主体间性理论的移情的两个维度

主体间性理论者概念化的移情有两个维度：自体客体维度和重复性维度。他们认为，这两个维度总是在场，处于病人对分析关系体验的前台或者后台，并且经常改变位置。自体客体维度指，与治疗师的联结能够建立、维持和恢复病人统整的、积极的自体感的那些方面。最常见的自体客体移情类型是镜映、理想化和另我，或者是这三种的组合。当自体客体维度处于前台时，它主要推动病人与分析师的关系（Stolorow，Brandchaft，and Atwood，1987）。可是，即使一个重复性客体（repetitive object）（例如，治疗师被体验为苛责的父亲）正在建构移情，自体客体维度也绝不会缺席。只要自体客体关系完整无损，它就会安静地在背景中运作，使得病人能够与令人恐惧的和冲突的情感保持接触。正如之前讨论的（见第3章和第7章），自体客体关系常常安静地运作在背景中，直到发生破裂。

奥林奇、阿特伍德和史托罗楼（1997）提出了临床上很重要的一点，有时，运作在前台的是自体客体维度还是重复性维度并不明显。有时，看起来似乎是渴望与治疗师的自体客体关系以提供缺失的发展体验，实际涉及的是重复性维度正在建构移情。在这种情况下，病人寻求治疗师的回应以中和痛苦的、执拗的组织原则，例如"我不值得被关心"。病人寻求治疗师的镜映体验以消除潜藏的匮乏感或缺陷感（Morrison and Stolorow，1997）。为了修正病人的体验，至关重要的是认识到重复性体验，以便问题组织原则能够被处理，并且新的组织原则（例如"我值得被关心"）能被添加到他的组织原则列表中。

主体间性理论的治疗作用

与科胡特一致，主体间性理论者相信，分析的主要任务是促进病人的发展性努力。治疗作用的过程包括多个成分。首先，病人拥有不同的被理解体验。这个感到被理解的过程的关键是分析师认识并回应病人被否认的情感状态。为了恢复这些被否认的情感体验，大量的阻抗分析常常需要揭示内化的抑制和对于再度创伤［指暴露于特定痛苦情感状态（就如本章案例说明的扎克的抑郁情绪）］的恐惧。一段时间之后，这个过程使得病人把这些情感整合进他的自体-体验。同时，被理解的体验让治疗师成为移情中被渴望的理想他人，为病人创造一个全新的、治愈性的关系体验。因此，诠释和关系体验在主体间模型中紧密交织。

主体间性理论者坚称，治疗进展是由新创建的组织原则带来的，例如伊温妮的"当我抑郁的时候，我将会得到照料并能够被理解"。这个发展反而扩大了病人的体验清单（Stolorow and Atwood，1992）。借助这个治疗过程，随着时间的推移，病人逐渐扩展情感范围，具备更强的自体反思能力，并对他人更加开放，行为方式的灵活性也得到了提高。

主体间性理论与自体心理学的对比

相继发展的主体间性和自体心理学的视角非常相似，都对彼此有很大的影响。这两个理论都坚称主体体验就是精神分析探索的全部领域。因此，这两个理论都坚称精神分析是"人类体验的深度心理学"（Stolorow，1994: 35），拒绝驱力概念对精神分析的有效性——它们不会把驱力概念看作行为和体验的主要动力。主体间性理论者非常真诚地赞同科胡特的看法：用于精神分析理解的唯一资料是通过内省和共情可获得的（Kohut，

1959，1980）。另外，这两个理论相信，自体客体概念有助于理解人类发展，尤其是心理治疗和精神分析中的精神发展。它们都坚称，"自体体验的组织是由感受到的他人回应共同决定的"（Stolorow，Atwood，and Orange，1999: 383）。

可是，这两个理论也有着显著的差异。大部分差异在于主体间性理论者认为，尽管科胡特在很大程度上从驱力取向、孤立心智-心灵的心理学转向关系的、情境的心理学，但他在某些方面停留在前者的观点内。因此主体间性理论者认为，科胡特的成果中存在若干客观主义态度的残留物。其中之一就是科胡特概念化的共情。科胡特有时宣称共情"在本质上是中立和客观的"（1980: 483）。他们认为，这样的宣称否定了分析性理解（analytic understanding）内在固有的主体间性，即分析师的主体会做出无可回避的和必然的贡献。正如史托罗楼和他的同事们所主张的，分析师不可能以"纯粹、无先占观念的眼神"凝视病人的体验（Stolorow，Atwood，and Orange，1999: 386）。

虽然这两个理论都力图促进病人的发展性努力，但奠基的动机理论不同。自体心理学理论秉持的主要信念是，病人的动机是调动（能量）并寻求自体客体体验，以治疗发展缺陷。主体间的核心动机原则并不聚焦自体客体概念，而是聚焦对经验（包括新获得的和旧有的）的自动组织和排列的本质。

主体间性理论认为，每一个个体由全部体验的独一无二的组织原则缔造，这些组织原则无意识且自动化地塑造他的体验（Trop，1995）。当我们说出诸如"她是个悲观主义者，总是看到杯子空了一半"之类的话时，就暗含了我们所理解的另一个人的组织原则。而且，也许我们同时显露了自己的组织原则。关于自体客体需要对于发展的重要性，主体间性理论的着力点和自体心理学很顺畅地联系在一起。但在主体间性理论中，自体客体移情主要被看作病人组织他对分析师体验的众多方式中的一种。也就是说，主体间性理论把自体客体移情看成一类组织原则。因此移情被看作无意识组织活动（Stolorow and Lachmann，1987）。共情探询被认为是"对无意识组织病人体验的各种原则进行探索和阐释的一种方法"（Stolorow，1993：33）。与自体心理学的区别在于，主体间性共情概念主要聚焦详细阐释无意识组织原则。

相对于有关首要动机的不同观点，这两个视角也有着迥异的治疗作用概念。自体心理学理论的治愈是借助转变内化作用增强虚弱自体。所以古老的自体客体需要经由治疗师的共情共鸣并随之逐渐转化。破裂和修复过程（见第7章）对自体-增强的转变内化作用至关重要。自体强化的依据包括：病人找到持续的自体客体体验的能力、自体-安抚和维持自尊的能力以及追求个人目标的能力都得到了增强。主体间性理论者认为，自体心理学的治愈没有恰当地重视对反思性自体-觉察（reflective self-awareness）的获得，尤其是有关病人在塑造他自身主观现实时的建构作用。

因此，主体间性视角的治愈过程是阐明、理解和转化病人特异的组织原则，它们酝酿了与治疗师的自体客体联结的破裂。所以，主体间性不仅强调与治疗师联结的恢复，也强调理解病人持有的使得联结破裂的原则或主题（Trop，1995）。主体间性视角的治疗过程的关键是展开旧有组织原则，并获得新的组织原则（Stolorow and Atwood，1992）。

例如，伊温妮与我的自体客体联结破裂的证据通常是她的撤回，在相当长的一段时间里由我的行为方式激发（我安静地等她更详细地说明她感觉如何），她将之诠释为因为她感到抑郁，所以我对她失去了兴趣。她推断，对我来说，抑郁状态就意味着她不够好，有缺陷，不值得我的关注（在她最需要关注时）。她在治疗中获得的最重要的组织原则之一是"当我抑郁的时候，我是值得被关注的"。这个新的组织原则是从我们的关系体验中发展、建立起来的，我认为对于提升伊温妮生活体验的品质具有深远的意义。这有助于她的情感调节、自尊维持和与他人的关系。在治疗中获得的另外两个关键组织原则是"如果我投入到和一位男性的关系中,我的家庭和我与家庭的关系不会有问题"以及"我对男性是有吸引力的"。主体间性理论者主张,这三个组织原则的获得和巩固对她的治疗进展和生活改善至关重要。

第10章 动机系统理论

约瑟夫·利希滕贝格（Joseph Lichtenberg）于1989年发表了关于动机系统理论的综合论述。利希滕贝格是一名精神分析师并深受自体心理学影响，也是婴儿研究的专家［著有《精神分析与婴儿研究》（*Psychoanalysis and Infant Research*，1983）］。在这之后的著作中，他和另外两位杰出的自体心理学家（弗兰克·拉赫曼和詹姆士·福斯吉）一起对这个理论进行了详细阐述并举例说明。与主体间性理论一样，动机系统理论的发展一直与自体心理学联系在一起，常被认为是自体心理学的一个分支。

动机系统理论是关于动机的综合性理论。利希滕贝格把动机定义为"旨在促进基本需求的实现和调节的一系列系统"。他详细解释了五个实现这个目标的系统。每个系统围绕着一个基本需要。这些系统根深蒂固、持续存在地贯穿整个生命周期。这五个动机系统是：

1. *与生理需求相关的心理调节需要*（the need for psychic regulation of physiological requirements）
2. *依恋和之后的归属需要*（the need for attachment and later affiliation）
3. *探索和自信需要*（the need for exploration and assertion）
4. *通过对抗或撤回来表达厌恶的需要*（the need to react aversively through antagonism and withdrawal）
5. *感官满足和性满足的需要*（the need for sensual and sexual

enjoyment）

利希滕贝格主张这五个动机系统都有发展、维持和恢复自体统整或自体-组织的作用。利希滕贝格认为，自体是启动、组织和整合动机的独立中心。他按照自体心理学，把自体定义为体验的整体统一者。自体（作为代理者）依据动机优先级的转变而启动、组织和整合体验（Fosshage，1995b）。

利希滕贝格的理论指出，在生命的每个阶段，每个动机系统都有特定的需要。这些需要的实现既加强了自体-组织，又增加了婴儿和照料者之间在相互调节系统中的匹配。利希滕贝格相信，这些需要被满足的结果就是一个自体客体体验。利希滕贝格用"自体客体体验"来表达具有统整感、安全感和充沛活力特征的情感状态。相反地，当这些基本需要没有被满足时，个人会体验到受困扰的自体-统整，包括不同程度的表现，从模糊的不适到严重的警报。

与生理需求相关的心理调节动机系统

利希滕贝格的概念化与经典精神分析理论不同，后者认为生理需要调节是性驱力或者最近提出的依恋动力的生物性基础（Lichtenberg，1988）。利希滕贝格对此提出质疑，并提出自体-自发性的（self-originating）生理调节是独立于客体关系的动力。

睡眠、饥饿和排泄这类生理需要都有其自身的生物周期。例如，饥饿—饱食周期有其独立的生物周期。可是，它的发展受到婴儿-照料者单元中的关系和依恋模式的品质的塑造，反之它也塑造关系和依恋模式的品质。利希滕贝格、拉赫曼和福斯吉（1996）认为，受困扰的生理需要调节是因为理想化、镜映和另我体验的严重障碍或缺陷。这个发现具有治疗含义。利希滕贝格和同事主张，当生理需要的调节出现问题时，治疗任务的关键就是在原初互动基质的情景脉络中理解这个问题的起源。

我们在治疗中看到的调节异常病例通常涉及饥饿和饮食行为。我们经常发现，孩子-双亲互动中围绕着饮食的冲突和缺陷会导致管理饥饿—饱食周期的困难。例如，某些饮食紊乱的病人无法认知自己是处在饥饿状态，还是处在饱食状态，或者类似伊温妮，弥漫性地利用饮食获得自体-平静（self-soothe）。

依恋动机系统

利希滕贝格（1988）在依恋研究者（约翰·鲍尔比和玛丽·安斯沃思等人）之后提出，婴儿天生就依恋双亲和照料者，并且天生地基于依恋需要来发展动机系统。婴儿天生具有"快速习得的、有组织的感知-情感行为模式（rapidly learned organized perceptual-affective action patterns）"的全部技能，这促成了依恋关系（63）。这些模式包括偏好母亲的声音和人脸的形状，借助吸吮和手抓来锁住客体。例如，在出生后的头十天，母乳喂养的婴儿能通过嗅觉识别母亲使用的乳垫并表现出偏好（MacFarlane，1975）。大约也在这个时候，婴儿优先将头转向母亲的声音而不是其他女性或父亲。因此，一个小婴儿对母亲的反应是特异的并优先识别母亲。

利希滕贝格认为，依恋动机涉及亲密关系中的快乐体验。他补充，通过各种沟通方式和相处模式（modes of being-with），婴儿习得了更多发展和保有亲密的规则，这种快乐日益增加。他观察到，1岁婴儿的协调活动、分离-重聚行为和与"过渡"客体的游戏，体现了依恋动机系统的核心主体体验。

利希滕贝格（1989）注意到，快1岁的孩子的依恋-归属动机系统将会在特定的照料者和孩子之间表现出一种主要的情感交流基调。例如，和照料者（母亲）的重聚行为模式可能是安全的和舒适的，而和另一位照料者（父亲）的是焦虑的和回避的。一个孩子的依恋-归属动机系统的特征可能主要是兴趣、情感和快乐，痛苦通常是一个信号，随后会减轻。另一个孩子的依恋-归属动机系统可能关联于厌恶动机系统，以致依恋的核心情感是愤怒、怨恨、高度警觉和回避。

1岁时，依恋动机系统包括：母婴同调状态，痛苦状态和缓解尝试状态，寻求指导以平息不确定性导致的痛苦的状态，以及在缓解痛苦的母亲缺席时（设法）减轻痛苦的状态。

利希滕贝格（1988）强调，很重要的是认识到依恋体验的多样性，在这一点上，他与科胡特一致。他引用科胡特的话，"渴望情感协调，渴望共情性共鸣，渴望得到指导来平息不确定性造成的痛苦，渴望在亲密关系中的舒适，以及渴望由理想化产生的价值感"（65）。就这一点而言，利希滕贝格认为自体客体体验是依恋动机系统的主要部分。

利希滕贝格坚称归属动机和依恋动机一样，是人类发展的核心，而且是必不可少的部分。他得出结论，在发展的一个特定时间点，孩子不仅有强烈动力继续维持过去的依恋关系和形成新的依恋关系，而且开始有动力去发展归属感，去归属于共享目标、信仰、理想和关系联结的各种团体同盟。利希滕贝格认为，明确符合这个描述的最早期行为发生在潜伏期的运动团体和游戏团体中。他指出，依恋和归属的区别在于单元构成成分——而不在于寻求的情感体验。他补充到，趋向归属的强度被这样一个清晰的事实证实，即与其他动机系统相比，更多的人可以为归属动机而赴汤蹈火。

探索和自信动机系统

利希滕贝格和同事们认为，弗洛伊德（1920）的两个重要理论——性驱力和攻击驱力假设以及客体关系的依恋动机——都没有充分解释并强调探索、好奇心、解决问题和对掌控的努力（Fosshage，1995b）。利希滕贝格注意到婴儿研究已经揭示"婴儿天生具有这样强有力的倾向：朝向胜任力和效能的努力，也体验到获得之后的快乐"（1988: 66）。通过探索和自信地解决问题，所引发的伴随着效能感和胜任感的快乐将持续一生。

利希滕贝格指出，探索和自信可被看作其他任何一个在特定的时间点处于主导地位的动机系统的成分。在其他动机系统中，胜任感也会在其组织中起到一定的作用并增加其中的快乐，例如，依恋体验和生理需要的成功调节带来效能感，以及与之伴随的快乐。可是利希滕贝格指出，只有在探索自信系统中，效能快乐（efficacy pleasure）才是处于中心位置的。他列出了大量的研究证据来证明探索和自信常常（动机性地）在体验的最前沿（例如，一个问题-解决任务），所以有充分的理由把它指定为一个独立的动机系统（Fosshage，1995b）。

利希滕贝格（1989）提醒我们，天生的和后天的探索和自信模式所触发的情绪是一种兴趣情绪状态。他主张，当我们认识到兴趣的发展持续一生，从游戏，到学习，到因兴趣而工作，及因追求效能和胜任感而工作时，我们就能够更加有效地理解我们的病人。

在这个动机系统中，病人对自身努力的看法通常对其自尊影响巨大。探索-自信动机的障碍和冲突在治疗中获得改善之后，常能促进病人发展更强的胜任感和控制感，并进一步提升自尊。例如，治疗过程中降低对成功冲突（success conflicts）的恐惧将提升病人在工作和生活中的兴趣、乐趣和成就感，进而获得更强的自尊。通常，帮助病人澄清并区分思维和行为中的自信与攻击性是有用的。

利希滕贝格、拉赫曼和福斯吉（1992）评论到，探索-自信动机作为一个独立变量，连同关系-依恋动机一起推进分析工作。他们观察到，这个事实不仅适用于病人，也适用于分析师。最理想的情况是，分析师的工作在很大程度上是他的探索-自信动机系统运行的结果。相反，当探索中混合着厌恶时，分析师就不能维持共情位置了。他将无法认知或继续聚焦于病人动机的优先顺序和相应的情感。他们的观察还表明，任何动机系统都可能介入分析师的探索努力。例如，生理调节的需要也许会介入——我们心烦意乱只是因为我们饿了、累了或者身体不适。或者若病人触及的领域正是我们那时在情感上不想开放处理的，厌恶也许会介入。

厌恶动机系统

利希滕贝格选择厌恶而不是攻击来命名这个动机系统，该系统的首要功能是自体-保护。这个系统包含两个与生俱来的反应模式——对抗（攻击）和撤回。这个论述与动物学家观察到的战或逃反应一致。

利希滕贝格相信，如果分析师放下他们自身对攻击的偏见（攻击是基石而且任何回避都是对攻击的防御），他们就能理解攻击和撤回作为厌恶体验的反应有同等地位。临床观察显示，对抗是获得力量感和意志力的重要方式，而撤回是获得安全感和保护的必要方式。对抗的临床表现包括愤怒、暴怒、憎恨、嫉妒、报复、蔑视、傲慢和身体攻击。撤回的临床表现包括悲伤、恐惧、羞耻、尴尬、羞辱、忧虑、恐慌、害羞、恐惧性回避（phobic avoidance）、容易受伤的脆弱感觉、悲观以及抑郁（Lichtenberg，1999）。

利希滕贝格选择"厌恶"而不是"攻击"来命名这个系统，因为这个术语更能涵盖从轻微到强烈的全部反应。另外，攻击常常被分析师用来指摧毁性的目的，这只是厌恶连续谱的一端。例如，当婴儿转过脸不再面对母亲或者当病人不再面对分析师时，这种轻度的厌恶和撤回形式包含在利希滕贝格概念化的厌恶内。在连续谱的另一端，因侮辱而狂怒能触发摧毁性的攻击性反应。更进一步，我们使用厌恶调节我们的关系和我们的自体-体验。例如当我们感到在一个关系中太过脆弱时，我们可能通过厌恶或撤回来远离对方。我们有能力以既愤怒又厌恶的方式回应，这对于维持和保护有活力的自体感是非常必要的。变得愤怒并转移感知的威胁或伤害的能力可以保护个体及其自体-统整感和力量感（Fosshage，1995b）。

利希滕贝格提出区分厌恶和攻击有着重大的临床意义。这样做使得作为治疗师的我们倾听病人时更有理解力，尤其是在出现核心移情结构时，更能意识到厌恶和攻击各自的作用。利希滕贝格认为，抑制、情感隔离、否认、拒绝和解离等诸如此类的反应都是厌恶的表现。

感官-性欲动机系统

性欲一直都是经典精神分析理论重要的动机焦点。利希滕贝格（1989）和他之前的众多分析师一样，对如此强调这个动机提出质疑。为了纠正过于强调性欲在发展和精神病理中的作用，他假设感官-性欲系统只是五个动机系统中的一个。作为对经典精神分析的性心理发展阶段模型（口欲期、肛欲期、生殖器期、青春期）的代替，他提出感官-性欲系统的发展是从生活体验中逐渐浮现出来的。利希滕贝格也认为在特定照料者和更大的社会系统内，孩子的天生编码得以显现而被独一无二地塑造。因此，这个论述的重要治疗含义是，有必要分析性地详细阐述主体间情境脉络（Stolorow and Atwood，1992）和相应的影响，这些赋予了感官-性欲动机系统（Fosshage，1995b）个性化的意义。

利希滕贝格（1988）把这个系统命名为感官-性欲动机系统，因为他既重视性欲，又非常重视感官感受的体验。他认为，除了经典精神分析之外，自体心理学也忽视了在人类体验中感官感受的动机性作用。利希滕贝格（1989）提醒我们，感官感受体验在许多自体客体体验中起着至关重要的作用，例如，通过摇晃或抚摸进行安抚。被描述为自体客体体验的情感状态，常常包括感官享受和感官享受的安抚方面——恢复统整感。他指出，经典精神分析常常把性欲和冲突、压抑和精神病理相联系，这阻碍了我们去理解感官感受的关键作用，也就是创造和提升愉悦时刻且减轻抑郁。例如，把感官动机（需要并渴望非营养性吸吮、拥抱、爱抚、摇晃等）与性欲动机相区分是非常重要的，前者不包括表现为直奔性高潮的驱力行为（Lichtenberg，1999）。

利希滕贝格观察到，感官-性欲动机系统受其他动机系统影响。它一方面被厌恶反应牵制，另一方面又需要依恋和亲密愉悦或爱（1989）。最佳的是，感官-性欲动机系统既增强依恋-归属系统，也被依恋-归属系统增强。如此，感官和性欲能成功地与依恋动机整合。利希滕贝格认为，复杂的挑战在于，在婴儿早期、儿童期和青春期的生活体验中，不可避免地存在双亲对感官-性欲动机的共情失败，而且这并不罕见。因此，每一个成人的幻想生活在某种程度上都包含诸如敌意、恐惧、约束之类的要素。

案 例 片 段

伊温妮热切地渴望投入与一位男性的关系，但是这个目标的实现严重受阻于她自身对男性自动化的高度警觉-厌恶反应。典型地，随着和男性的关系变得更加亲密和投入，她就会变得更加高度警觉（回避和撤回行为之类的厌恶反应的频率和强度也会大大增加），男性转而不再打来电话。

从动机系统理论的视角来看，她的厌恶动机系统与她的依恋-归属和感官-性欲动机系统冲突。由于多种病因学原因，伊温妮已经发展出这样的预期：与男性一起的脆弱性和依靠男性将会导致被控制、伤害和抛弃。这些预期在她的生活中和我们的关系中经过了长时间检验。最终这个检验工作使得在和男性的关系中，她更少感觉到强烈的焦虑、更少的自动化厌恶反应。对此工作多年以后，我们深刻地理解了她对男性的厌恶"本能反应（reflex）"，这帮助她——在治疗的第七年——在遇到了她喜欢的男性并愈加投入（她现在幸福地嫁给了他）时，控制住这个趋势。

第 11 章 自体心理学的攻击

关于精神生活中攻击的作用和位置，自体心理学与经典精神分析理论的观点有很大差异。自体心理学把攻击归于人类生命动机驱力中较为次要的位置，这个与经典精神分析理论对立的观点在精神分析界引发了巨大的争议。

首先，自体心理学理论拒绝经典精神分析的双驱力模型，质疑弗洛伊德的精神分析理论的基本信念，即认为攻击是人类生活的两个基本动力之一。科胡特（1972）不同意弗洛伊德对攻击的观点，即攻击是与生俱来的、需要被掌控的基本驱力。他提出，攻击并不是基本动力，攻击的出现仅仅是在更真实的基本需要的满足受挫之后的结果；并且随着这个需要被满足，攻击得以平息。所以当从观察者的内在视角理解看似无缘无故的攻击行为时，就能理解存在一个令人信服的、基本需要受挫的心理情境（Lachmann，2000）。科胡特相信，愤怒和暴怒在重要性方面次于这些心理情境，这些情境中有更加重要的情绪产生，包括自恋受损、失望和自体客体需要未被满足的受挫感。进一步对比经典精神分析对攻击的观点，自体心理学理论并不支持弗洛伊德关于死本能的观点（弗洛伊德认为这是攻击驱力的来源），不相信人类攻击通常指向客体的摧毁，也不同意更早的认为攻击有独立目标的观点（Kohut，1977，1984；Leider，1998）。

科胡特详细阐述了一条发展性道路，在这条道路上，攻击冲动是不可避免的结果。他和同事认为，在追求满足需要的过程中，婴儿从一开始就展现出了完整且充满活力的自信。攻击是需要满足受挫的必然反应。这个观点也与克莱茵的客体关系理论形成鲜明对比，后者坚称攻击驱力居首要地位，并认为婴儿心中充满憎恨与摧毁性暴怒，这些是婴儿必须挣扎着加以掌控和涵容的（M. Tolpin，1971，1986；Kohut，1977；Tolpin and Kohut，1989；Leider，1998）。

自体心理学的自恋和攻击的关系

科胡特的攻击观点主要由他对自恋的研究而来。正如之前所述，自恋先前被正式定义为力比多对自体的投注，但隐含着无情自私和故意否认他人的主体性。正如弗兰克·拉赫曼（2000）指出的，许多第一批的自体心理学病人在之前的治疗中受创，在这些治疗中，他们的自恋一直被无情面质。当自恋被看作一种防御或自我-协调（ego-syntonic）的性格特征时，治疗常常涉及面质病人的自我中心（self-centeredness）、傲慢嚣张、自我膨胀（self-aggrandizement），并且难以把他人看作分离独立的客体。在自体心理学出现之前，病人对这些面质常常回以暴怒反应，这个反应却被认为证实了自恋防御之下的攻击。可是正如拉赫曼从自体心理学视角指出的，当面质引起自恋伤害时，接下来的暴怒反应是可以理解的。

关于自体心理学的攻击，我将首先讨论科胡特的自恋性暴怒概念。然后，我将简要介绍科胡特之后的一些重要贡献。

科胡特的自恋性暴怒概念

自恋性暴怒（narcissistic rage）是科胡特最具原创性的理论论述之一。它有广泛的临床含义，对理解人类体验中的攻击——这个迫切的问题——做出了重要贡献。

科胡特（1972）认为，自恋性暴怒属于更为广阔的非心理领域的攻击、摧毁和愤怒。他把自恋性暴怒描述为这个领域内的特定现象。科胡特的理论认为，自恋性暴怒与通常的、非摧毁性的暴怒有着明显不同。科胡特认为，自恋性暴怒并不源自退行到更原始的攻击驱力，反而源自内在的精神病理。仅当自体的基本结构受到伤害时，才会出现自恋性暴怒，这就是科胡特对自恋性暴怒的概念化。在脆弱的自体基质中，所需的自体客体回应受挫带来的压力难以应对，甚至是创伤性的。这被体验为正在危及基本的自体-统整。接着爆发自恋性暴怒，这个自动化的情绪反应既可以被理解为自体碎裂的迹象，也可以被理解为对威胁中的自体状态的反应（Leider，1998）。

虽然自恋性暴怒以许多形式发生，但科胡特认为，这些形式的共同点是都具有一个特征，这个特征在人类攻击的广泛范围中给予它们一个独特位置。科胡特认为，自恋性暴怒形式的特征是"为了报复，为了纠正一个错误，为了用尽办法撤销一个伤害，根深蒂固、不屈不挠地执着于这些目标，这让那些受自恋伤害困扰的人不得停歇"（1972: 637-638）。他指出，遭受一次攻击就盲目地需要报复和无休止的了结冲动，并不是成熟的攻击的特性。相反，毫不原谅、无情的愤怒这类反应，暗示被激活的攻击服务于古老的夸大自体，并且是在古老或孩子般的期望和现实感知的架构内表达的。

科胡特认为，感知到自恋伤害引发的自恋性暴怒是最具摧毁性的攻击形式。羞耻感和自体感受威胁，共同激发强烈的和无休止的冲动——想要让施予者遭受伤害，这样就能纠正错误地加诸自身的痛苦，如此就能根除伤害和随后难以忍受的羞耻感。科胡特指出，这种借助施加痛苦的方式修复伤害的冲动使得自恋性暴怒区别于其他形式的攻击（Summers，1994）。例如，一位治疗多年的男性病人在讨论他最近的暴怒反应时说："我激烈的反应是因为我以前不曾以自己的名义这样做过。我对我从未这样做感到羞愧。我觉得我缺乏勇气，缺乏胆魄，我就是个软蛋。"我评论："你激烈的反应是试图扫除这种痛苦的羞耻感。"他回应："是的，就是这样。"

文学作品中著名的自恋性暴怒的例子包括《白鲸》（*Moby Dick*）中亚哈船长对大白鲸的狂怒，以及在陀思妥耶夫斯基的《地下室手记》（*Notes from*

Underground）中主人公的慢性自恋性暴怒。电影中最近一个扣人心弦的例子是尼克·诺尔蒂在《苦难》（Affliction）（来自罗素·班克斯所著的同名小说）中出演的角色。众多影视作品中有诸如炽热强烈的报复欲望和逐步升级的仇杀循环这类情节，例如《教父》（The Godfather），就是这种暴怒的最恶毒的表现。

引发自恋性暴怒的原因

从恼火到狂怒，不同程度的自恋性暴怒是对自体客体关系深深失望的结果。科胡特的理论指出，最初发生这种暴怒是感受到自体客体环境没能足够好地共情地回应孩子的需要。他明确说明这是因为对自体客体关系的古老体验（也就是个体对于自体-客体关系，类似于一个年幼的孩子，感到对它拥有完全无条件的特权）感到失望。依赖自体客体回应的时候却没有体验到足够的自体客体回应，就成为一个打击、一个羞辱，并感到无法忍受。科胡特认为，丧失无条件依赖的自体客体-他人（selfobject-other）是导致快乐自信破裂的原因。

如果这种情境太过频繁存在，慢性自恋性暴怒就会变得根深蒂固。科胡特强调，面对孩子的健康自信，双亲没有能力提供镜映自体客体关系，可能造成或酿成（孩子）持续一生的痛苦、粗鲁生硬的行为、施虐性张力，这些只有经过大量的治疗才能有所改变。

其他与自恋性暴怒并存的情感是无助感和羞辱感。当处在古老的孩子般的层面，渴望自体客体关系却体验到挫败时，这种情况会引起无助的羞辱感并不奇怪。这些感觉不仅仅是附带着发生的，而且会激发并加剧个体的暴怒状态。它们被认为是自恋性暴怒体验内在的一部分。

科胡特对自恋性暴怒和健康攻击的比较

科胡特对比自恋性暴怒和成熟或健康的攻击，认为抱负和果断自信是自体统整感的表现。相反，他认为自恋性暴怒是虚弱自体（enfeebled self）的崩解产物。也就是说，根本性病理在于缺乏自体-统整（self-cohesion），在于对自体-碎裂（self-fragmentation）的易感性（Lachmann，2000；P. Ornstein，1993）。

科胡特区分自恋性暴怒和健康攻击的主要依据是，另一个人，即侵犯者，是如何被体验的。他明确说明，当侵犯者是我们成熟的攻击的目标时，我们能够把那个人体验为分离独立的。可是，在自恋性暴怒的情况下，侵犯者不能被体验为一个分离独立的人。而是被体验为"夸大自体的顽拗部分，自恋脆弱个体期望对它施加完全的控制。事实不过是……他人只要是独立的或不同的，就会被那些有着强烈自恋（自体客体）需要的人体验为攻击"（1972：644）。这个侵犯者引发了自恋脆弱个体的古老暴怒，而且不被体验为独立的启动或行为中心，而仅仅是"在被自恋感知的现实中的一道裂隙（flaw）"（644）。

科胡特认为，自恋性暴怒和成熟攻击的另一个重要区别就是自恋性暴怒可以被描述为正在奴役自体（enslaving the self）。在暴怒状态，自体的功能仅仅是作为自恋需要的工具。当我们陷入自恋性暴怒时，我们就失去了控制。可以说暴怒掌管了我们。相反，成熟的攻击是在我们掌管之下的攻击：我们所表达的攻击呼应着我们的想法、我们的目标和我们的欲望。另外，科胡特指出，一旦被触怒就盲目地报复和无休止地了结冲动不是健康攻击的特性。相反，这种无休止的愤怒暗示被激活的攻击服务于古老夸大自体，并且是在古老或孩子般期望和现实感知的架构内表达这个愤怒。在这个体验模式中，病人需要完全控制，他人的这种独立性只会被体验为深度的攻击和破坏。

科胡特更进一步地把自信果断和成熟攻击联系在一起。科胡特再次主张，自信果断是健康自体的功能而暴怒不是，暴怒是脆弱的、结构缺陷自体的功能。脆弱且结构缺陷由慢性的、未满足的自体客体需要的体验导致。

自恋性暴怒的表现

自恋性暴怒通常在爆发之前或爆发过程中伴随着强烈的羞耻感(shame),尤其是羞辱感(humiliation),可以将它想象成类似于被当众羞辱的体验。正如之前所述,临床上有多种表现形式:急性的或慢性的躯体症状,例如肠胃不适、急性头痛或者血压升高,以及公开的暴怒反应,例如暴力行为或者以暴力威胁。自恋性暴怒的间接体验形式可能是提前觉察到由羞耻感引发的各种强烈感受。

科胡特对自恋性暴怒的治疗指导

科胡特相信,间接处理自恋性暴怒最有效,也就是转化引发暴怒的潜藏的病理自体。在治疗中,我们不是聚焦于暴怒而是聚焦于引发暴怒状态的自体状态。科胡特描述暴怒是"崩解产物",源自潜藏的自体客体需要未被满足的、受挫的脆弱状态。认知到潜藏的需要受挫状态,这是自体心理学心理治疗方法的重要及显著特点。这个方法和基于冲突理论的方法有相当的差异,后者把暴怒看作性驱力和攻击驱力的衍生物。

在科胡特看来,自恋性暴怒的反应是自体感遭受碎裂威胁的结果,因为个体体验到自体客体关系的失败或不足,而不被理解为一种本能的释放。后者是经典精神分析理论的观点。因此科胡特强调在处理自恋性暴怒的过程中,共情病人受挫的自体-客体需要是非常重要的。特别是关注移情联结的破裂和修复,使自恋性暴怒得以消减(Lachmann,2000)。科胡特建议将诠释重点放在治疗破裂时刻和特定的自恋伤害(narcissistic injuries)上,这些引发了朝向治疗师的暴怒。他强调,这个暴怒也许是为了防止进一步的崩溃或者尝试恢复自体完整性(integrity of the self)。

科胡特相信,在治疗自恋性暴怒的过程中,至关重要的治疗任务是让病人能够充分共情自己,以认识产生暴怒的心理情境脉络。为了完成这个任务，至关重要的是对准焦点，接着解决病人对自己的自体客体需要的罪恶感和羞耻感。科胡特认为，这种羞耻感和罪恶感源自双亲将自身共情回应的困难归咎于孩子。科胡特相信，使用他的方法将慢慢地把病人的自恋性暴怒转化为成熟的自信果敢。

欧内斯特·沃尔夫（1988）认为，边缘病人的自恋性暴怒最为频繁。对于这些病人，他们纤细脆弱的自体客体关系（包括和治疗师的关系）引发的暴怒性发作常常威胁治疗进程的继续。即使治疗继续，也需要花费大量的治疗努力——特别要共情在自体客体关系中体验到的失望，来消减病人的暴怒。正如沃尔夫指出的，在这个时候的诠释很容易强化病人的受伤感、脆弱感和暴怒。

从自恋性暴怒获得对攻击的理解

正如所讨论的，科胡特拒绝弗洛伊德的假设：攻击是基本的人类原发本能和生命力，经由文明的力量，以九牛二虎之力加以抑制和驯服。科胡特（1977）认为，人类的摧毁性是崩解产物，虽然是原始的，但并不是心理本能。在他看来，即使最暴力的人类攻击形式也起因于自恋性暴怒，它是自体客体关系中持久深远的失望带来的副产品或崩解产物（Chessick，1985：136）。

科胡特把攻击和自信果敢区分开。他认为，非摧毁性攻击是自信果敢的一部分，伴随着自体的需求。他相信，自信果敢有自己的发展路径，并且非摧毁性攻击服务于自信果敢。

科胡特（1972）强调，最危险的人类攻击是当它和两个自恋集合体紧紧连在一起时，即夸大自体和无所不能的客体。科胡特指出，"最令人毛骨悚然的人类摧毁性，不是狂暴的、退行的和原始的行为形式，而是有次序、有组织的活动的形式，在这种活动中，作恶者的摧毁性、对他们伟大性（greatness）的绝对确信以及对（自身）古老夸大形象的热爱，融合在一起"

(635)。他举例，纳粹的种族大屠杀和残酷战争就是这个原则最刺目的例证，许多激进的政治和宗教组织也是例证，例如，恐怖组织。

自恋性暴怒的概念也帮助我们理解攻击的临床表现，例如虐待狂、某些类型的自我伤害和自杀行为。

后科胡特对自体心理学攻击观点的贡献

基于科胡特的综合论述，史托罗楼（1994）从他的经验中观察到病人对持续的未被认知的主体间失联表现出了最强烈的愤怒和敌意，失联是由于病人的自体客体移情的需要被一再误解而感到被分析师拒绝。这些误解的常见形式是复活的自体客体移情需要被错误地诠释为病理性阻抗。当这种情况发生时，史托罗楼认为，病人将体验到深刻的同调失败。他认为，在这种反复未被认知到的失联中，病人关键的发展需要（在和分析师的关系中复活）被持续不准确地回应，这就构成了一个产生强烈敌意和愤怒的主体间情境。他强调，治疗情境中的这类攻击不是原发本能敌意的展现，而是科胡特所称的"自恋性暴怒"的表达——在慢性自体客体失败的背景中，脆弱的自体-组织受到严重威胁或伤害导致的次级反应。

福斯吉（1988）建议，自体心理学理论应该以动机系统理论为基础，动机系统理论使用厌恶（aversion）而不是攻击（aggression）命名其中一个独立的动机系统（Lichtenberg，1989；见第10章）。他认为这样做更清晰，因为这个系统包括两个不同的先天反应模式——对抗（或攻击）和撤回。动物行为学家强调，这种二元性提升战或逃反应的适应灵活性。福斯吉评论"攻击"这个术语仅仅强调这两个反应模式中的一种，也就是对抗。

认识和区分这两个反应模式，使作为治疗师的我们更能够理解回避和撤回的反应模式有其自身意义，而不是将它们理解为对攻击和愤怒的防御。因此，福斯吉提倡使用"厌恶"而不是"攻击"来指代这个系统，因为前者更具包容性,更容易纳入完整的厌恶谱系——从轻微到强烈。我们使用厌恶来调整我们的依恋和自体-体验。例如,当我们在一段关系当中感到过于脆弱时,我们也许会通过对抗或撤回来保护自己以避免太紧张。

福斯吉进一步指出,当攻击是自信果敢的一极时,它可以服务于多个功能。在调整我们和他人的互动和依恋中,攻击服务于自体-保护、自体-恢复和自体-界定这类重要功能。

此外,福斯吉对自体心理学理论使用"自恋性暴怒"这个术语表示质疑。他认为,这个术语暗示暴怒不直接涉及自体。他认为,在这个架构内,愤怒和攻击的反应强度虽然变化不定,但这些反应都是为了在关系性场域中保护、恢复或界定自体,以避免感知到的威胁和伤害。出于这些原因,他提议,"自恋性暴怒"这个术语不是区分了一种暴怒形式,而是指那些自体感知到威胁或伤害而引发的特定的愤怒反应。

福斯吉接着提到,愤怒和攻击是体验到他人有伤害性时的自我保护反应,这个理解帮助我们充分领会:这些反应的作用,它们直接的促发因素(precipitants),被激活的潜藏的关于自体和他人的图式,以及这些图式的起源。他主张,在病人充满敌意的情境下,这个概念帮助作为治疗师的我们明确自己最重要的任务是充分倾听病人的反应,接着逐渐探询,进而理解这个反应的促发因素。福斯吉认为,这个过程能帮助病人理解和管理她的愤怒或暴怒的促发因素,从而恢复情绪平衡。

在最近的工作中,拉赫曼(2000)试图在多个方面修正自体心理学的攻击概念。第一,和史托楼及福斯吉所做的一样,他注意到攻击有时能够起到赋予能量或激发活力的作用,从而维持自体感。他认为,像科胡特那样把病理性攻击唯一地联系到自体-功能崩解上,不能恰当地对应这种情况:感到被激怒或怀有敌意或施虐性幻想能使自体感更有活力。他认为,唯一地聚焦于攻击的反应性,不能解释攻击对个体生活和自体感的重要性和作用。

第二，拉赫曼假设有两类攻击：反应性（reactive）和爆发性（eruptive）。爆发性攻击仅出现在儿童期遭受了严重创伤的人里。这种愤怒看起来有自己的生命。与更常见的反应性攻击相比，爆发性攻击的来源不能通过共情加以辨识。这种类型的攻击是连环杀手（serial killers）的特征。

第 12 章　自体心理学视角

每个精神分析理论的视角通常涉及如下几个方面：人性观、精神病理的发展，以及如何在治疗中应用其理论以减少个体的困难模式，从而改善被分析者的生活品质。在此简略陈述这些，是为了引入对理论视角的讨论。我认为，这时应该清晰地突显自体心理学视角的基本特征。特别是，我打算强调自体心理学视角的特异性，以及因此带来的独特的临床感受力。

科胡特生活在20世纪，弗洛伊德生活在19世纪。弗洛伊德认为，人类本性野蛮，从根本上是由强大的性驱力和攻击驱力构造的。他相信，文明需要调动所有力量担负起驯服这个野蛮本性的责任。这个观点的核心是认为人类状态，尤其是个体状态，在本质上通常是严阵以待的和冲突矛盾的。个体对内在唤起的强大冲动感到冲突，因此寻求以伪装的方式满足这些被禁止的冲动。罪疚（guilt）现象有效地抑制和禁止我们动物性欲望的反社会冲动，这代表了文明赢得必然的来之不易的胜利。科学，带来理性，从而成为控制人类状态的主要媒介，因此科学在弗洛伊德的观点中占有显赫崇高的位置。启蒙运动的价值观——理性、客观和真理的可知性——成为主流。

科胡特生活在20世纪，相比之下，他深受一些艺术家和思想家的影响，这些人关心快速的技术变革和20世纪的社会断裂带来的影响，由此导致的疏离感、碎裂感和孤独感，以及随后寻找新的意义和活力。他尤其受到20世纪的艺术家、作家和音乐家的强烈影响，他们刻画出自体的碎裂。立体派艺术家毕加索（Picasso）和布拉克（Braque），小说《魂断威尼斯》（*Death in Venice*）的作者托马斯·曼（Thomas Mann）和《变形记》（Metamorphosis）及《审判》（The Trial）的作者卡夫卡（Kafka），都是当时思潮的代表人物，都影响了科胡特的人性观（Mitchell and Black, 1995）。"悲剧人（Tragic Man）"是科胡特观点的核心，弗洛伊德观点的核心是"罪疚人（guilty man）"。在科胡特（1977）的自体心理学观点中，个体由表达和实现他的核心程序的欲望驱动，以达成目标并努力活出他的理想。他相信，我们大多数人都缺乏所需的自体客体体验，所以这个努力注定失败，而成为他所说的悲剧人。科胡特认为，弗洛伊德的人性观不能阐明这个困境，即"无罪疚感的绝望（the guiltless despair）"，即个体在中年后期意识到他还没有实现他核心自体的理想和抱负。

关于科胡特和弗洛伊德有关人类体验的观点的对比，史蒂芬·米歇尔（Stephen Mitchell）和玛格利特·布莱克（Margaret Black）的描述很有表现力："科胡特强调病人早期生活环境中的慢性创伤背景，而不是内在产生的原始冲动；他描述病人急切地努力自体-保护（self-protection），而不是以更机智的途径获得被禁止的满足"（1995: 163）。

心理成长经由与重要他人的促进性关系而实现，这是自体心理学的核心观点。这个观点非常强调这些重要关系是如何影响个体的自体感和运作能力的发展和维持的。因此，自体心理学观点至关重要的特征包括：（1）发展性（developmental），（2）关系性（relational），（3）强调人与人之间的相互依赖及其复杂性。其他基本的独特特征包括：（4）它近乎排他性地聚焦于——在理论和实践方面——个体的主体性，（5）关于人类本性和心理治疗及精神分析的各种可能性的乐观前景。

自体心理学的发展性和关系性

自体心理学认为，人类体验的发展性和关系性这两个方面必然交织缠绕，并且指出我们不能想象一个人独立于他人而存在，每个人天生就有对关系和联结的心理需要。充分地体验到促进性的关系性环境，也就是在不同发展阶段和重要他人所需的体验足够充分。自体心理学坚称，只有这样，个体的发展才能相当好地向前推进。体验自体（experiencing self）被认为总是处于它的关系性基质内，贯穿整个生命周期。正如已讨论的，自体心理学的根本观点是个体体验不能脱离自体—自体客体基质（self-selfobject matrix），在这个基质内，自体-结构得以产生、发展和维持（Teicholz，1999）。自体心理学认为，自体状态取决于重要关系的状态。因此，依据自体心理学的发展观，个体当前和将来的健康自体感取决于个体各种关系的自体-客体维度的特性。

因此，自体心理学认为，正在浮现的自体是一种潜能，只有在与他人的关系中才能实现这个潜能，这与它的发展-成长导向（developmental-growth orientation）的观点一致。"自体客体功能（selfobject function）"概念强调，自体-体验的组织总是由感受到的他人回应共同决定（Stolorow and Atwood，1992）。自体心理学认为，病人需要自体客体体验，在治疗中提供自体客体体验以便动员、激励和促进受阻的成长潜能。

治疗被认为是发展的第二次机会（Orange，1995a）。"治疗的整体计划是通过理解环境的失败，并且通过提供伴随其成长的新的替代物，来再次唤起那些成长过程中的努力"（Friedman，1986: 322）。如果创造足够好的关系情境，而且妨碍成长的防御机制得以修正，自体客体需要就会产生进一步成长的潜能。根据自体心理学，治疗中发展的自体客体移情是恢复那些曾被抑制或不完整的成长的主要介质。自体客体移情是心理持续成长的催化剂和重要介质。

自体心理学的发展性和关系性观点对临床感受性的塑造

通过促进性关系，临床过程和治疗行为带来了发展-增强（development-enhancing），这个观点塑造了自体心理学的临床感受性。较之其他分析取向首先关注解决内心冲突、寻找无意识意义或者发现在治疗师和病人之间正在发生什么，这种发展和发展-增强观点营造了不同的治疗关系氛围。与其他大部分精神分析取向相比，对发展性的强调使得治疗师在面对病人时往往居于不同的位置。通常，它有助于病人和治疗师建立更具合作性、非对抗性的关系，创造更加温暖的治疗氛围（这个特质可能造成某些实践者的错误印象，认为自体心理学通过体贴友好来治愈他人，自体心理学太温柔，等等）。

尽管已经讨论过这一点，但我还是想要澄清，自体心理学既关注病人和治疗师之间正在发生什么，也关注内在冲突并减少冲突，同时还关注无意识意义。可是，这些通常的精神分析临床重点从属于增强自体客体体验这个首要目标，以便促进自体-强化（self-strengthening）或者自体-发展（self-development）。

为了简要说明发展-增强观点如何塑造自体心理学的临床感受性，让我谈谈两个显而易见的途径。第一，自体心理学技术强调始终关注病人的"发展前缘"，持续优先地从这个视角审视治疗过程并构造干预。第二，因为自体客体体验被认为是成长的主要动力，需要非常重视在治疗关系中移除或减少自体客体体验的障碍，进而在病人的生活中移除或减少这些障碍。

自体心理学的人类相互依存视角对临床感受性的塑造

自体心理学采用的是一种深刻地相互依赖（profoundly interdependent）的视角，由此来看待人类功能运作的普遍方式以及特殊的治疗关系。在自体心理学看来，人终生都要深深地互相依赖。这个观点的核心是对人的观点，认识到心理人（psychological man）无法在情绪真空环境内存活（Kohut，1977；Stolorow and Atwood，1992）。正如生理人（physiological man）仅能在包含合适的营养物质、氧气、温度等的支持性物理环境中存活，心理人的存活需要回应性和支持性的心理环境。安心依赖和相互依存，促进而不是阻碍个体性的发展。

自体心理学强调发展病人的接纳性态度，即接纳自己需要和渴望不同类型的关系以及来自他人的回应。（隐含的假设是，如果对自身需求变得更有觉察、理解和接纳，那么必然对他人也持类似的态度。）比起其他大多数精神分析理论，自体心理学强调以更加宽容和赞许的态度对待关系需要，在这个方面，自体心理学和经典精神分析理论形成最为鲜明的对比。自体心理学治疗的首要目标是通过扩展寻找、创造和体验自体客体关系的能力，增强和丰富自体-功能以及提高个体体验的品质。这个观点与持续增加自主的目标形成鲜明对比，而后者一直是经典精神分析的首要目标。

强调关系需要的首要性和合理性，这个观点尤其令人印象深刻的是它对羞耻现象的关注。（对不同类型的自体客体关系的）需要受挫导致的羞耻感被视为一种重要的情感，治疗师在治疗中对它进行工作，允许被否认的需要以更加自体-接纳（self-acceptance）的态度被再次体验和回顾。在临床工作中，二元关系的双方被认为是，彼此帮助对方满足持续的自体客体需要，这可能是在觉察之内，也可能是在觉察之外。可是因为这个关系在根本上是为了病人的成长和利益，所以这个相互性可以被理解为并被期望是非对称的（asymmetrical）。

自体心理学的关系视角与其他精神分析理论的比较

自体心理学的关系视角位于理论连续谱的正中央，即从弗洛伊德驱力-取向的单人心灵原子论观点到费尔贝恩的深度关系观点——与他者的关系是我们身为人类的最本质的表达。和弗洛伊德类似，科胡特认为，自然状态中的个体在本质上是孤独的，进入交互作用的动机是为了满足特定的目的或需要。然而对于弗洛伊德及后续经典精神分析师而言，这个需要涉及性驱力和攻击驱力，而科胡特认为，这个需要是体验到自体客体关系，从而借此实现个体自身的核心蓝图。

米切尔这样描述费尔贝恩，"挣扎着以不同的方式理解人类本性，费尔贝恩认为人类本性在本质上是社会的，不是陷入交互作用，而是就如他的自然状态那般嵌入与他者的交互基质（interactive matrix）"（1997: 2-3）。我认为，科胡特和费尔贝恩有着同样的挣扎，但处理方式稍有不同（关于"费尔贝恩先于自体心理学的理论观点"，请看附录）。虽然科胡特因其弗洛伊德传承背景而从孤立个体（solitary individual）开始着手，但他认为自体客体体验之于我们的精神健康就如氧气之于我们身体存活那般不可或缺。虽然科胡特的理论架构是一个内在心理架构，但他的视角和费尔贝恩类似，无疑是深刻的关系视角。为了以些许不同的术语表达相同的思想，自体心理学提倡的是在人类功能运作场域模型（a field model of human functioning）内的单人焦点。虽然它聚焦于一人的心理状态，但被观察的这个人被放置在和他关系世界的持续交互的情境脉络中。

自体心理学关注主体性对临床感受性的塑造

自体心理学观点的另一个重要的独特特征是它几乎唯一地聚焦于个体主体性或自体-体验。自体心理学强调从病人自身主观参考框架内部而不是外部，持续地努力理解病人（Stolorow，1986）。治疗师或分析师聚焦于病人有什么样的感觉，有怎样的体验特性，以及对病人有何意义。科胡特相信，作为重要的精神分析探索方式，共情-内省模式的持续使用和这种对自体-体验的关注是同时进行的。分析师基本上是通过共情病人的体验来理解病人的。因此，需要节制地使用自己的主体性。

强调主体性是自体心理学方法论的重要特征，是其独特观点的核心。这与经典精神分析理论的客观主义-实证主义哲学基础形成鲜明对比。弗洛伊德认为，精神分析是一门经验科学，并着力从分析理论和实践中消除主观。作为科学观察者的分析师必须保持一个科学独立的位置，这使分析师能够从根本上不卷入治疗中的病人。这样做是因为弗洛伊德——以及他的追随者在更大程度上——相信，分析师必须在一个自由的位置上观察和探索。分析师需要在探索空间之外，而不是在探索空间之内。匿名、节制和中立，这些治疗师立场的技术指导方针是为了保证分析师维持在独立、公正的客观科学家的位置上。弗洛伊德曾经强调观察的分析师和被观察的病人之间确定的分离感是非常重要的。经典精神分析师理解病人并作为专家表达他的理解，即从一个有特权的、外部的优势位，所了解的关于病人体验的意义。

相反，科胡特及后续的自体心理学家，以及同属一系的主体间性和动机系统理论家相信，治疗师有特权的、外部的优势位并不存在。科胡特（1984）主张，观察者和被观察者之间并不存在确定的分离感，每一方持续地影响另一方，同时也持续地被另一方影响。而且科胡特强调主体性，为精神分析中的后现代思潮铺平道路，后现代思潮强调主体性，尤其是分析师的主体性。

治疗乐观主义是自体心理学感受性的特征

最后，自体心理学观点和感受非常具有治疗乐观主义特征。这体现在两个方面，一个是自体心理学的诠释强调（成长的）前缘，还有一个是自体客体移情被看作重新成长的催化剂和助推剂。自体心理学认为，人具有朝向持续成长的强大动力，乐观主义根植于此。霍华德·巴卡尔对此描述得很好："每一个个体都存有朝向成长和发展的基本趋势，这需要恰到好处的自体客体回应"（1985: 216）。

科胡特强调，尽管生活环境施加各种阻碍，个体依旧满怀期望地努力发展。对此他在《精神分析治愈之道》这部最后出版的专著的结论部分给出了如下比喻。

> 就如一棵树，即使存有某些限制，依然有能力在障碍物周围向上生长，最终能够将它的树叶展露在滋养生命的阳光下；所以发展探索中的自体将会放弃在某个特定方向上继续努力，而尝试到另一个方向上向前生长。（1984: 205）

而且，在精神分析理论中，自体心理学的相对乐观，也反映在它更加强调人格的健康或优势上，例如经典精神分析的论著就倾向于几乎只关注病理。

我认为，这样的相对乐观有多个方面的原因。第一，科胡特对孩子持有浪漫的卢梭主义观点。他坚持环境论（environmentalism），强调天性—教养方程式（nature–nurture equation）的教养这一端。他相信，当人类环境同调于孩子的需要并准备好提供自体客体回应时，挫折被最小化了，自然状态中的孩子有蓬勃活力。第二，相较于弗洛伊德的观点，自体心理学更相信人格具有可塑延展性。科胡特与弗洛伊德不同，他不相信自然科学的强硬决定论，而是支持社会科学的温和决定论。比起弗洛伊德，在科胡特的世界观中，环境的影响被赋予更大的作用。弗洛伊德认为，人类本性由驱力支配，这是强硬派决定论，相比之下，温和派决定论认为，环境系统对于自我能动性（personal agency）和自体-建构具有更大的作用、更大的发挥空间。如果你出生于一个有情感滋养的环境，你会做得很好；如果起初没有那么幸运，但是你被转入或自己转入合适的情感环境，你至少可以做得好一些。另外，虽然科胡特的"悲剧人"观点听起来并不乐观，但它在本质上是乐观的。悲剧降临在人身上，它来自外在而非内在。如果悲剧发生了，祈祷接着就会来到。

第三，以传记体的角度来看科胡特的一生，会发现一个非常明显的主题。在生活给予的各种机会中，他觉得自己非常受益于后期关系带来的第二次发展机会，并且转而感到他之前很有优势。

第 13 章　自体心理学对精神分析理论和实践发展的贡献

自体心理学对精神分析理论和实践的发展做出了重大贡献，在出人意料的新方向上扩展了精神分析理论和实践。

我认为，科胡特彻底改变了北美的精神分析。彼得·福纳吉（Peter Fonagy）在书中说得很好："他打破了自我心理学的铁腕控制，迫使精神分析师从自体而不是心理功能的角度，从自体客体而不是客体实现驱力的满足角度，进行思考，并且更少使用机械术语"（2001: 108）。

对于精神分析从实证主义-客观主义（positivist-objectivist）的理论化转变为关系-情境的（relational-contextual）后现代理论化，自体心理学做出了突出贡献。它的多个方面促成了这些贡献。

首先，自体心理学有助于推进精神分析的探索方式，也就是从将个体视为封闭系统、唯一地聚焦于个体的内在生活，推进为聚焦于个体和重要他人的场域以及类推至病人和治疗师的场域。虽然自体心理学并不是第一个这样做的分析取向（主体间性理论是第一个），但它的主要贡献在于放大了这个成就。更容易观察到个体总是处于和他人的情境脉络中——无论是在人际间，还是在心灵内——而不是弗洛伊德精神分析特有的个体原子论（atomistic view）假设。作为自体心理学的核心概念，自体客体功能就是这个情境性焦点的例证，个体在其中对自体体验的组织构造（例如，基调、品质和一致性）是由他人的情境性回应（contextual responsiveness）共同决定的（Stolorow，Atwood，and Orange，1999）。

因此在价值观方面，自体心理学倾向于强调健康的相互依赖，而不是经典精神分析强调的持续增强个体自主。根据自体心理学理论，依赖和独立是并行的两个过程，也就是，同时体验到个体的分离和个体的依赖这两个过程，每一方都在本质上有助于觉察到自体、他者和与他者在一起的自体（Stern 1985；Lachmann and Beebe，1996）。从临床视角来看，分析师不再被视为从主体间场外部的位置进行观察和诠释，而是共同创造主体间场的积极参与者。二元分析关系中的一方有助于另一方的分析体验（Teicholz，1998）。

从认识论的视角来看，自体心理学促成了决定性改变，也就是越来越多地从孤立的实证主义-客观主义观点（positivist-objectivist outlook），转变为嵌入的-关系的-情境的观点（embedded-relational-contextual outlook）。这涉及两个重要方面，其中之一是科胡特强调观察者和被观察者之间有着不可分割、不可分解的相互作用。另外，科胡特坚定不移地主张：是主观性而不是客观性，需要成为精神分析探索的焦点和基础（通过持续地使用共情性探索来理解病人的主观性）。

所以，通过把自体和关系置于人类动机的中心位置，自体心理学越来越多地推动这个决定性改变：从孤立的实证主义-客观主义观点，转变为关系的-情境的观点。（这样做时，已经结合客体关系理论和人际心理学。）借助这样的转变，自体心理学拒绝把驱力放在首位和作为人格、体验和精神病理的重要组织者（Teicholz，1998）。

科胡特反对精神分析的生物化并认为这隐含在驱力理论内。正如已讨论的，他认为精神分析的概念应该是贴近-体验（experience-near）的。这些概念应该是指那些可以通过内省和共情获得的现象。他提出，体验到被驱使并不意味着存在驱力。因此科胡特相当直接地挑战驱力理论看待人类行为的机械论和还原论倾向。他坚持精神分析的焦点应该是复杂心理状态，它既经由二元情境发展，也嵌在二元情境内。分析师借助共情-内省的探索模式获得对这些复杂的心理状态的理解。

拒绝驱力理论就要求并预见了精神分析治疗目标的根本性转变。斯蒂芬·米切尔对此有很恰当的描述："科胡特的工作成就极大地促成了精神分析任务的重新概念化，从揭露的、控制的、放弃婴儿般渴望重新概念化为自体障碍的治愈"（私人谈话）。

从关注驱力转变为关注病人的主体性，伴随着该改变的一个临床概念是强调分析师的共情对于理解病人体验的首要性。分析师的共情对于病人体验大有助益，被看作居于首位的探索性和理解性工具。而且，大多数病人认可分析师的共情具有成长-促进性价值，尤其是分析师表达共情性理解。最为有益的是病人发展出共情自己的能力以及共情他人的能力。

舍弃驱力理论也带来了另一个贡献，也就是不再认为精神内部幻想是导致精神病理的主要原因。相反，自体心理学理论首先重视自体体验和他人满足个体关键需要的重要性。所以，虽然精神内部幻想对精神病理起源有一定作用，却是次要的。自体心理学的焦点是自体的发展而不是无意识的探索。

既要减少个体的羞耻感，也要减少对治疗体验的羞耻感，这是自体心理的又一个贡献。这个观点是因为自体心理学认知到某些基本发展需要并不源于本能生活（Teicholz，1998）。因此人类本性不能被看成——像弗洛伊德所认为的——由驱力主导并需要驯服。而是说个体的发展需要必须借由重要关系而获得滋养鼓励。对大多数病人而言，就是更少地引发羞耻感，并且更加贴近-体验地理解一个人的自体客体需要是如何潜藏在当前自体状态和行为之下的，而不是去倾听性和攻击正在如何伪装地表达。

还有一个贡献是重新概念化防御和阻抗。阻抗被看作自体-保护（self-protection），以免重复痛苦和创伤体验，并非回避精神现实或试图保留缺乏觉察的基于驱力的欲望。阻抗被认为是必要的和适应性的能力，这个观点把分析师定位于比经典弗洛伊德模型更具合作性、更少对抗性地面对病人，促成更友好和更合作的治疗氛围。

在科胡特的自恋性暴怒这个概念中，自体心理学在理解愤怒（anger）、暴怒（rage）和攻击（aggression）上做出了巨大贡献。鉴于其他精神分析视角的理论家频繁批评自体心理学没有充分关注攻击在精神分析理论和治疗中的重要性，因此标注这个贡献显得有点儿讽刺意味。

最后一个重要的临床贡献是移情的自体客体维度概念。它帮助之前被认为不可治疗的病人经由这个方法开展精神分析治疗。传统地，精神分析倾向于对病理进行概念化，而不是对成长和改变进行概念化。自体客体概念重新调整了这个不平衡，并帮助我们更多地了解病人怎样才能利用和治疗师的关系来获得改变和成长。通过这样，自体心理学促成当代（治疗师和学界）重视新的治疗关系体验所具有的治疗力量。诠释被认为是这个新的关系体验的重要组成部分，但仅仅是一个组成部分。

附录　影响自体心理学的先驱理论家及其理论观点

影响科胡特的先驱理论家

令人遗憾的是，海因兹·科胡特没有承认各个理论家对其思想的影响的习惯。就我所知，无人知晓他忽视这方面的原因。不清楚科胡特在多大程度上是故意而为，在多大程度上是疏忽大意。但毫不意外地，他的忽视惹恼了精神分析协会的某些成员。尤其是惹恼了那些来自英国客体关系独立学派的成员，他们深受费尔贝恩、温尼科特和巴林特的影响。这些先驱者的理论在多个重要方面非常类似于后来由科胡特发展的概念。因此我将在下面讨论费伦齐及前面提及的这几位理论家的理论，他们的工作成就在某些重要方面可以确切地说先于科胡特，即使我们不知道他们是否直接影响了科胡特。

费伦齐先于自体心理学的理论观点

现在回顾往事时，我们才意识到桑多尔·费伦齐（Sándor Ferenczi：1873—1933）的工作对精神分析产生了巨大影响，但长期未被承认。显而易见，它主要影响了英国客体关系理论、人际精神分析和自体心理学。

费伦齐的影响很有可能经由多个途径传到科胡特那里。第一条途经是，我们知道科胡特阅读过费伦奇的部分论著。第二条途径是经由同事弗朗茨·亚历山大（Franz Alexander）的工作，他是费伦齐的学生、芝加哥人。当科胡特在芝加哥还是一名年轻的分析师时，亚历山大正在那里实践和教学。亚历山大详细阐述了分析师回应病人的发展需要和情绪需要的重要意义。[后来亚历山大提出了分析师为病人提供"矫正性情绪体验（corrective emotional experience）"的有效性，这导致他被逐出正统的弗洛伊德精神分析组织。]

费伦齐是第一位把思考模式从弗洛伊德的客观-经验主义转移开来的精神分析理论家，这个思考模式最有代表性的例子是弗洛伊德用空白屏幕（blank-screen）比喻分析师立场。客观-经验主义（objective-empiricism）认为现实与知者（knower）完全无关，并相信正确的科学方法能够产生关于"现实（reality）"的知识。费伦齐，以及后来的科胡特，都不同意这个看法，他们从根本上重视病人的主体体验。另外，费伦齐表达的观点是：分析师的内省和共情是他接近病人主体体验的主要途径。科胡特后来在1959年的"内省、共情和精神分析"一文中清晰地阐述了这个认识论（Orange，1995b）。

费伦齐关注人格发展过程中的早期创伤和剥夺带来的影响，包括性虐待造成的早期创伤。和弗洛伊德不同的是，费伦齐也同样关注孩子无性的需要和感觉被剥夺的结果，例如拥抱、摇晃、触摸和举起（Bacal and Newman，1990）。费伦齐在著名论文"言语的混乱（On the Confusion of Tongues）"中描述了这种实在是太频繁发生的现象：孩子对温柔和安抚的需要被误解，并且/或者被成年人剥削，而被认为是在表达对性接触（sexual contact）的渴望。如果这样去回应，就会对孩子造成创伤。

费伦齐对剥夺婴儿和孩子的基本需要在病因学上的重要性的思考，之后成为科胡特工作中的一个理论重点。科胡特和费伦齐曾经做的一样（而且和费伦齐影响下的人际理论家已经做的一样），放弃了弗洛伊德的病因学，即唯一地聚焦在个体和个体的驱力、俄狄浦斯议题以及驱力-衍生幻想上。与费伦齐和人际理论家一样，科胡特强调环境对婴儿和孩子在根本上具有重大影响。相应地，他更少关注精神病理形成过程中幻想的重要性，转而强调体验的重要性。较之弗洛伊德，费伦齐开始强调双亲精神病理带来的致病影响。科胡特秉持类似的观点，强调家庭精神病理阻碍了双亲共情和回应孩子的自体客体需要。

随着他强调创伤和剥夺的病因学重要性，费伦齐用心进行技术革新以达到使分析师能够更有帮助地回应特定病人的目的。为了实现这个目的，费伦齐关注改变分析会谈的情绪氛围。他感到正统的精神分析立场既不鼓励分析师给予共情，也不为病人创造一种必需的安全感。对费伦齐而言，"有节制的冷静（restrained coolness）"，"专业的伪善（professional hypocrisy）"，仅把病人对分析师的批评看成阻抗，以及临床表现背后是分析师躲闪真实的人际相遇，所有这些都导致了虚假且有限的治疗体验（以及创伤，类似于病人的童年创伤）(1928: 99)。在这样的脉络下，费伦齐批评传统的精神分析对临床洞察力估价过高。此外，他认为分析关系的权威主义和等级结构使得这个关系中的分析师仿佛在从高处给病人诠释，他不认同这种分析关系。他相信，分析师不能成为病人动力学的冷静旁观者和解释者，而是需要感觉并表达对病人的真实关心，以此帮助病人跨越早期剥夺和虐待创伤。

费伦齐认为，经典保守分析态度不适合治愈病人内在的"创伤小孩（traumatized child）"。他认为分析师需要使分析关系成为一个安全港，病人在这个不同于早期情境的安全港内再次活化早期创伤。他相信，这样就有可能让病人体验到一个新开始。费伦齐强调分析师对病人的情绪可用性（emotional availability）是非常必要的，分析师能够借此给予病人某些真正不同的、比早期更好的体验。为了达到这个目标，费伦齐试行临床技术，例如他激进的创新技术：相互分析（mutual analysis）。

费伦齐关注改变分析会谈的情绪氛围促使他对共情产生兴趣，这远早于科胡特重视共情。他在1928年写道:"我得出这样的结论,是否应该告诉病人某个特定的事情,这首先是一个心理策略的问题。但策略是什么?就是共情能力。(89)"费伦齐也推荐分析师沿着"共情原则"理解病人——病人们借助成为"糟糕的病人",将被拒绝的感觉付诸行动。

拉赫曼(1989)已经指出费伦齐先于(并且可能影响)科胡特提出早期共情失败,尤其是母-婴关系中的共情失败是导致情绪障碍的创伤来源。认识到早期共情环境的重要性之后,费伦齐提出许多技术革新以把再次创伤被分析者的可能性最小化,并创造矫正性情绪体验,以及维持安全、理解的治疗氛围。

费伦齐对自恋的兴趣可能也影响了科胡特。费伦齐对自恋感兴趣可能源于他对性格结构(character structure)的兴趣。费伦齐是第一位强调区分症状和性格结构的分析师,并建议治疗潜藏的性格障碍(Gedo,1988)。费伦齐在寻找方法治疗性格结构的过程中逐渐地越来越专注在自恋性格障碍的治疗上。费伦齐指出,一种自恋综合征涉及早期病理性性格,如"理智婴儿(the wise baby)"。他对这个综合征的认识被认为既源自临床经验,也源自他的自我反省。他描绘这些病人的创伤可能来自双亲未能协助他们断奶,进行习惯训练,也可能是因为他们受到影响,以至放弃童年期而发展早熟的行为模式(Lee and Martin,1991)。这些"理智婴儿"最大的恐惧就是被抛弃,为此他们通过自恋撤回以保护自己。换言之,由于认识到他们对这些不可靠的依恋对象的依恋和依靠,他们通过采取虚假-自体-充盈(pseudo-self-sufficiency)和/或夸大幻想的方式,保护自己免于体验到脆弱感。这个论述与科胡特的"垂直分裂"类似(见第2章)。

费伦齐对阻抗模型的重构可能是另一条影响科胡特的途径。随着费伦齐作为临床医生的名声越来越大,他越来越多地涉及困难案例。这些病人让费伦齐尤其感到需要以共情的方式处理阻抗,同时提倡分析师在阻抗交互作用中检视自身的作用。费伦齐放弃弗洛伊德严苛的精神内部阻抗模型,而鼓励临床革新：(1) 接受病人在分析情境中展现的行为，(2) 接受并承认病人的内在参考架构和 (3) 依靠并发展分析师对共情的使用（Ferenczi，1928）。

回到科胡特的关键个案 F 小姐上，我们能看到科胡特是如何沿着这条最初由费伦齐铺就的道路——放弃经典阻抗模型——前进，并拓宽了这条道路。科胡特转变了对 F 小姐的看法，觉得她就像一个受到惊吓的孩子，需要得到承认、平静和安慰。所以，他开始意识到 F 小姐的唠叨、抱怨和愤怒不是防御本能欲望，而是表达被认可的需要，这一需要是发展性的。

概言之，费伦齐早于科胡特提出了上述观点，并且可能在多个具有重要意义的方面影响了科胡特。第一是精神分析方法论，费伦齐强调病人的主观体验是精神分析的首要资料。费伦齐和科胡特都是从弗洛伊德经验客观主义上转变范式的先驱者，最典型的就是使用"空白屏幕"比喻分析师立场。第二，费伦齐发现内省和共情的过程能帮助分析师接近病人的主体体验，科胡特在这之后才强调这点。费伦齐可能影响科胡特的第三个方面是他从弗洛伊德的病因学强调驱力、俄狄浦斯期和基于驱力的俄狄浦斯期幻想，转变为关注孩子的情绪环境的塑造作用，尤其是孩子双亲的人格。第四个方面是早期频繁的共情失败对发展中的孩子是创伤。对自恋的兴趣可能是费伦齐影响科胡特的第五个方面，并且费伦齐关于自恋的某些观点具有垂直分裂的特征。第六，科胡特紧随费伦齐，支持修正的阻抗模型。

巴林特先于自体心理学的理论观点

迈克尔·巴林特是费伦齐的学生、被分析者和遗稿保管人。他的首要贡献是承继并进一步扩大了费伦齐的那些工作成果。但他也做出了非常重大的贡献。事实上，巴林特对精神分析的许多主要贡献预示甚至对应着自体心理学的关键概念（Bacal and Newman，1990）。

首先，巴林特对发展和分析过程的关系视角与科胡特类似。用巴林特的话来说，"个体天生就与环境紧密联系"（1968: 67）。巴林特发展模型的核心是客体爱的发展，从原始、被动、依赖的早期客体关系发展为成熟的、相互依赖的信任和爱。他相信，发展始于主体和客体的无区别阶段；因此，"征服工作（work of conquest）"把这种客体关系转化为一种"相互关系（mutuality）"，此时客体不再被视为理所当然。主体需要认识并尊重客体的独立和相互依赖的需要。我们开始认识到，"我们的需要已经变得非常多样、复杂和特别了，所以我们能够不再期望我们的客体会自动满足；我们必须能够容受这个领悟引发的沮丧感；我们必须接受我们不得不为我们的客体付出"（1968: 146），如此客体将会成为一个合作伙伴。巴林特坚信，原始的客体关系发展并转化为成熟的客体关系需要恰到好处的照顾（optimal caretaking）。

接着，巴林特和科胡特一样遵循费伦齐的观点，认为精神病理是因为照料者环境未能满足发展中的孩子的需要。这个观点是巴林特著名的"基本缺陷（the basic fault）"概念的核心。基本缺陷指的是发展中的抑制。巴林特解释，

> 基本缺陷的起源也许可以追溯至早期性格形成阶段，个体的生物-心理需要和整个相关时期所得到的物质、心理关爱、关注和情感之间存在巨大差异……我把重点放在孩子和环境之间缺乏"匹配（fit）上"。（1968: 22）

巴林特也强调冲突并不是基本缺陷层面上的问题。科胡特使用的是自体客体需要这个概念，看起来不同，但实际上持有相同的观点。

而且，巴林特也比科胡特更早提出关于自恋的相关观点。巴林特质疑弗洛伊德的原发自恋理论。弗洛伊德假设，原发自恋是婴儿特征的无客体

状态，从这里继而发展出客体关系。与此相反，巴林特声称分析探索并没有发现可以揭示存在不关联客体的精神结构。他质疑防御机制仅仅被视为本能力量的产物的看法，这是经典理论和克莱茵理论中的概念。巴林特坚信，这种原发自恋的精神结构既不可观察也不可发现。例如，巴林特坚称，在分析中所谓的自体性欲表现都可以被揭示"为安慰，或蔑视已失去的客体，或蔑视引发孩子严重冲突的客体"（1952: 59）。

而且对于自恋型病理，经典精神分析认为，这是从俄狄浦斯期退行或在俄狄浦斯水平上防御客体关系，克莱茵学派所阐述的是在前俄狄浦斯期部分的客体关系水平的退行或防御过度施虐或嫉羡。巴林特不同意经典精神分析和克莱茵学派的观点，他认为，这种自恋常常在保护自己远离过度令人挫败的客体。"如果世界不够爱我，我必须爱和珍视自己"（1952: 63）。根据巴克尔和纽曼所说的，"巴林特认为自恋总是继发于满意的客体关系的破裂，而且它构成丰富却原始的有组织的客体关系，这在本质上是科胡特在自体心理学中所采用的观点"（1990: 11）。

巴林特建议用原始爱（primary love），即与环境的原始关系的理论，来替换原发自恋（primary narcissism）的概念。这是巴林特发展模型中的第三个主要概念，是科胡特思想的先导。巴林特的理论提出，胎儿始于宫内环境的古老关系状态，巴林特将之描绘为"和谐地、相互渗透地融合在一起（harmonious interpenetrating mix-up）"（1968: 66）。类比于鱼在海洋里或者我们与呼吸的空气的关系。巴林特把原始客体爱（primary object love）描述为"与个体环境无比和谐（all-embracing harmony with one's environment）"。婴儿感到母亲和他的欲望完全是一回事儿。无须回报。这是关系的预设矛盾状态。引用巴林特之言，"在这个阶段，主体和客体之间持续和谐的关系……就和持续供给空气一样重要……当主体和它的原始客体或替代物之间的和谐被打破，喧闹的、激烈的和攻击性的症状就会出现"（1968: 71）。基本缺陷区域是原始爱状态被过早中断的结果。自恋是原始爱状态破裂后的常见反应之一。个体撤回对环境的部分情感投资而转向自我。此外，巴林特——和他之后的科胡特一样——认为攻击是一种反应性行为，引发原因是原始爱的参与者之间发生挫折和破裂。

我们可以把巴林特的原始爱概念看作科胡特自体客体这个关键概念的前导。它描述了一种心理健康必不可少的关系形式，就如自体客体概念一样。实际上，科胡特经常使用的这个类比非常类似于巴林特的：自体-客体体验之于心理上的不可或缺，就如氧气之于生理上的不可或缺。

巴林特的创伤起源理论是自体心理学理解创伤起源的先行者。巴林特，跟随他的导师费伦齐，对创伤的理解超越了视它为"一个外部事件导致长期的严重心理剧变"的观点（1969: 429），也超越了视它为由病人内在自体状态决定的幻想所导致的观点（Lee and Martin，1991）。

借助成人创伤孩子模型（the model of an adult traumatizing a child），巴林特详细说明了孩子创伤体验的三个阶段。首先，孩子依赖一个他信任的成年人。接着，这个成年人以过度刺激的、忽视的或拒绝的方式对待孩子，且被证明是不可信任的。最后，孩子从这个有问题的成年人那里尽力"获得一些理解、认可和安慰"（1969: 432）。可是这个成年人拒绝承认并否认这个令人沮丧的事件，常常因为他自身的痛苦而指责孩子，并且频繁地断然拒绝孩子重新建立信任联结的尝试。结果，缺乏双亲的恰当回应，合并令人沮丧的事件，成为创伤起源。按照这个理解，巴林特非常接近自体心理学的论述：自体客体体验是创伤概念的核心。[尽管自体心理学的创伤理论承认极度令人沮丧事件的催化作用，但是创伤体验被理解为是在高度需要自体客体回应时缺乏自体客体回应，导致情感过度刺激和自体-碎裂（Lee and Martin，1991）。]

最后，巴林特关于分析立场和分析过程的观点为自体心理学的多个观点埋下伏笔。首先，巴林特继承了费伦齐的观点，强调诠释以及体验的作用，并将它视为取得治疗进展的关键。随着病人退行到基本缺陷层面，诠释常常被体验为毫无意义和无效,所以分析师有必要创造各种条件,以治愈这个基本缺陷。

为了达到这个目标,巴林特(1949)强调治疗关系的重要性。他强调分析关系的二人概念,与弗洛伊德学派和克莱茵学派精神分析的一人观点形成对比。他的这个观点在很大程度上是因为他认为前俄狄浦斯期涉及母亲-孩子系统,这个系统令人满意的结果源于关系"匹配"的质量。当有足够好的匹配时,孩子就有平静的幸福感。当缺乏这个匹配时,孩子就会有丧失、空虚、死亡和无意义的主体体验,有时甚至可能有被迫害焦虑(persecutory anxieties)。对于具有"基本缺陷"的病人,治疗关系的关键成分是关系匹配而不是诠释(Lee and Martin,1991)。类似地,巴林特强调分析过程的气氛或氛围的重要性。

巴林特以及他之后的科胡特都认为,治疗的目标是重新开始被阻滞的发展过程——他称之为"新开始(new beginning)"。为了创造"新开始"所必需的新客体关系类型,治疗关系必须提供所需条件,以治愈基本缺陷。要达到这个目的就必须允许病人退行到特定形式的客体关系,即引起原始缺陷状态,甚至是在这之前的某个阶段。

分析师如何促成这个过程?巴林特相信,分析师

> 必须允许病人与他联结,或者与他共同存在,仿佛他是原始替代物之一……他应该愿意带着病人,不是积极活跃地,而是像水裹着泳者或者地球承载着水域那样,也就是为病人在那里,被病人使用,且对此没有太多的阻抗。(1968: 167)

当读到这段关于分析师促进病人必要退行的描述时,我们自然会想到科胡特的自体客体概念。另外,科胡特与费伦齐和巴林特都有一个共同的观点,认为成功的治疗最核心地涉及使受阻的成长过程自由畅通,这是通过

修正与特定需要和欲望状态有关的某些关系模式。

费尔贝恩先于自体心理学的理论观点

W. 罗纳德·D. 费尔贝恩的客体关系理论是第一个尝试从与驱力理论完全不同的基本假设出发的理论，以系统化方式解释精神病理和精神分析过程。费尔贝恩驳斥弗洛伊德和克莱茵秉持的人类动机观点——驱力满足是人类行为的重要动力。相反，他认为个体从根本上是寻求客体的（object-seeking），最重要的动机是形成和维持关系。他说，"力比多不是寻求快乐而是寻求客体的"。力比多能量（弗洛伊德提出的概念，费尔贝恩沿用）的主要特性是：它是寻求客体的。快乐不是驱力冲动的终极目标；终极目标是与另一个人的关系。根据弗洛伊德和克莱茵流派的驱力-理论模型，婴儿被认为天生与他人没有关系，只是寻求紧张释放。婴儿与他人建立关系并投注力比多仅仅是次要的，这是因为与他人的关系有效地缓解了紧张，从而带给婴儿快乐。与此相反，费尔贝恩坚称，婴儿从一出生就被驱动着去与他人建立关系，而且这是婴儿表现出来的基本的生存保障方式。

当客体并非驱力的目标时，也许费尔贝恩面对的主要理论挑战是概念化客体的主要功能，这也是科胡特之后所面对的挑战。费尔贝恩论述自体和客体之间的根本关系是对客体的预期或体验确定无疑地影响自体感（Bacal and Newman, 1990）。在这个观点中，他比科胡特概念化的自体客体功能更早地看到其本质。

费尔贝恩先于科胡特思想的第二个方面是他的观点接近核心自体概念，它是科胡特的理论至关重要的概念。费尔贝恩在他的动力结构理论中提出，"冲动从一开始就与自我结构不可分割"（1944: 89）。巴克尔和纽曼（1990）指出，在不断推进心理学重视核心自体的挣扎方面——核心自体不是由外部力量驱动的，而是依据自身蓝图运作的——这个概念构成了重要一步。

自体心理学也体现了费尔贝恩的动力结构理论的另一个重要方面。相较于经典观点认为自我发展于未整合部分的合集（coalescence），费尔贝恩认为，自我从一开始就是一个统一结构，作为一个整体在运作，而且在与它的自然客体的关系中也是如此。类似地，科胡特（1977）认为，婴儿几乎从出生就有一个原初自体（rudimentary self）。婴儿与依恋对象建立关系，依恋对象提供自体客体功能，以支持婴儿并积极影响婴儿的自体-发展。

费尔贝恩早于科胡特提出的第三个观点是关于依赖在人的一生中的发展。费尔贝恩是第一位挑战弗洛伊德发展模型的理论家，弗洛伊德的发展模型从自恋和依赖发展为成熟和独立。费尔贝恩认为，依赖遵循自己的独立发展路线，数年之后，科胡特论述了类似的观点（Lee and Martin，1991）。费尔贝尔（1941）认为，经过很长一段过渡阶段，自体从婴儿式依赖成长为成熟的依赖。早期依赖阶段的特征是索取的态度，而成熟依赖阶段的特征是给予的能力和与他人的相互性。费尔贝恩认为，我们从来都无法超越我们对重要他人的依赖，科胡特之后也持有相同观点。

费尔贝恩也比科胡特更早地提出攻击是反应性的，并不是原发动机因素，后者是由弗洛伊德和克莱茵提出的，并且弗洛伊德学派和克莱茵学派继续持有这个观点。费尔贝恩认为攻击不会自发地出现，而是与他人努力保持联系的基本动机目标受挫后的反应。因此，攻击不是"天生的"，而是满意的客体关系失败后的次级衍生物（Greenberg and Mitchell，1983）。科胡特秉持相同的关于攻击的基本观点，就如本书有关自恋性暴怒的章节（第11章）所阐述的，他比费尔贝恩更大程度地发展了这个观点。

而且，费尔贝恩比科胡特更早提出了他关于重复性享乐行为（hedonistic behavior）的看法，很显然，这个行为完全不顾及他人。他们两个都把这个行为看成次级的反应性结果，源于更加根本性地、在与重要他人的关系中寻求快乐的挣扎。用费尔贝恩的话来说：

> 从客体关系心理学的视角来看，直截了当地寻求快乐代表行为的恶化……单纯的紧张-释放暗示存在客体关系的缺陷……单纯的紧张-释放实际是一个安全阀过程。因此，它不是实现力比多目标的方法，而是对目标失败进行缓冲的方法。（1946: 139-140）

所以，费尔贝恩认为，这类行为反应不具备任何人类动机的本质，而是更根本地寻求与他人满意关系的崩解结果，科胡特也持类似的观点。后来，科胡特（1977）提出，当自体的自体客体需要没有得到支持的时候，驱力体验作为崩解产物出现。具体表现为暴怒反应和强迫性手淫。

另外，费尔贝恩先于科胡特提出了关于分析改变的观点。洞察力，尽管关键但不足够。费尔贝恩"没有把分析改变定位在洞察力的曙光中，而是定位于关系能力的改变，也就是有能力以新的方式和分析师联结"（Mitchell and Black，1995: 122-123）。类似地，科胡特写到，分析治愈的本质是在与不同依恋对象的关系中体验自体客体关系的能力得到增强。

温尼科特先于自体心理学的理论观点

科胡特坚称他没有受到 D. W. 温尼科特（1896—1971）的工作成就的影响。尽管如此，温尼科特理论的多个概念和之后出现在科胡特理论中的某些概念极为相似。温尼科特和科胡特关于发展、精神病理和治疗过程的观点在许多方面都非常类似。

随着温尼科特事业的发展，最初浸泡在克莱茵思想中的温尼科特在很大程度上让自己从中脱离出来。逐渐地，在作为儿科医生与母婴工作的经验之上，他用一生建立起了一个创新理论，并常以诗意的形式进行表达。所以，和费尔贝恩类似，温尼科特的理论和弗洛伊德流派及克莱茵流派有着巨大差异。这体现于温尼科特的理论强调环境的影响，并聚焦于早期或前俄狄浦斯期的发展以及母亲角色的重要性。温尼科特和克莱茵都关注前俄狄浦斯期的发展；但是温尼科特的人类动机观和克莱茵截然不同，并且早于科胡特的自体客体动机概念。在克莱茵看来，客体关系的本质和自体的发展由驱力能量的本质决定。在温尼科特看来，客体的回应能力（尤其是母亲）从根本上影响自体的发展和关系的本质。母性人物关心功能的品质和她的象征性表征能力最终决定了孩子发展的品质（Bacal and Newman，1990）。科胡特持有非常类似的观点。

另外，相比于其他任何欧洲的分析师，温尼科特的理论可能更具有自始至终的关系性。温尼科特有句名言："世界上不存在婴儿这样的事物。""当然，（我所说的意思）"，他后来补充道，"（是）每当发现一个婴儿就能发现母亲，没有母亲就没有婴儿……婴儿和母亲共同构成了一个单元"（1960b: 39）。这个由婴儿与母性主观客体（a maternal subjective object）构成的单元，很类似科胡特后来论述的古老的自体—自体客体单元（Bacal and Newman，1990）。

巴克尔和纽曼认为，温尼科特理解了早期自体客体功能的要义，但是没有像科胡特那样以一种有组织的、系统的、综合性的方式详细阐述。他们之所以这样认为，是因为温尼科特虽然不是把它表述为具有影响自体感的基本功能，但是他通过各种概念给出了非常广泛的理解。这些概念包括平凡奉献的母亲（ordinary devoted mother，1966）、足够好的母亲（good-enough mother，1960a）、抱持性环境（holding environment，1960b）和母亲的脸的镜映功能（mirroring functions of the mother's face，1971）。正如已提及的，温尼科特主观客体概念的提出也早于自体客体概念。在温尼科特看来，主观客体是一个客体（他者），被体验为自体的延伸。温尼科特相信，这种形式的客体-关系是自体感发展的先决条件，因为它促进了婴儿"存在（being）"的感觉，而不是"去做（doing）"的感觉，后者应该在发展后期出现（Bacal and Newman，1990）。

温尼科特著名的过渡客体（transitional object）概念比科胡特的自体客体概念更早提出。温尼科特把过渡客体定义为第一个"非我所有物（not-me possession）"（1951: 229）。类似地，过渡体验是一种体验形式，它发生于两种体验形式之间，温尼科特称之为"主观全能感（subjective omnipotence）"和"客观现实（objective reality）"。在主观全能模式中，孩子相信他创造了渴求的客体并能完全控制它，例如母亲的乳房。在客观现实的体验模式中，婴儿感到他必须在体验世界之外找到渴望的客体。孩子知道客体的分离，非常了解他无法控制它。"过渡客体"带来的体验既不是主观创造和完全控制，也不是分离和无法控制，而是介于两者之间。温尼科特把这个假想的中间区域称为潜在空间（potential space）。

过渡客体的状态模棱两可、似是而非。温尼科特坚称，重要的是父母接纳孩子的小毯子和泰迪熊的这个特殊状态。泰迪熊之所以如此重要，是因为它构成了孩子自体的敏感延伸，位于孩子主观全能创造的母亲和孩子发现在客观世界自行运作的母亲之间。过渡客体的模棱两可性缓冲了孩子痛苦地认识到他生活在这样的世界：他的欲望无法全面获得满足，取而代之的是需要去迁就他人并与他人合作，方能实现他的欲望（Mitchell and Black, 1995）。和过渡体验一样，自体客体体验（1）取决于具有幻觉（illusion）或幻想（fantasy）的能力，（2）可以被看作发生在主体和客体之间的潜在空间内。温尼科特相信幻觉的成长-促进（growth-promoting）可能性，在他之后的科胡特也有类似观点。

温尼科特比科胡特更早地在临床上聚焦主体体验的品质：内在活力感与剥夺感的对比；个人意义感，它可以赋予个体体验以意义；体验丰富情感的能力。温尼科特尤其对那种感觉不到自身存在的病人感兴趣。温尼科特使用**假性自体障碍**（false self disorder）这个术语描述这种精神病理类型，其特点是当前运行中的主体本身以及人格品质（the quality of personhood）是痛苦的来源（Mitchell and Black, 1995）。类似地，科胡特在临床上主要聚焦在主体生活的品质上,他称之为"自体状态(state of the self)"。他使用统整—碎裂、稳固—虚弱、活力—耗竭和情感色彩(affective coloration)这类维度描述自体状态。

另外,温尼科特的精神病理学视角在两个方面早于科胡特。首先,温尼科特认为,精神病理是自体发展受到阻碍的状态,科胡特在他之后提出了相同的观点。其次,温尼科特更早按照自体统整性对障碍进行分类。温尼科特区分了两种情况:一种情况是自体稳定、完整(或者正在变成这样的);另一种情况是,自体结构在稳固前被中断(Bacal and Newman,1990)。

温尼科特比科胡特更早地在成人主体生活的质量及多样性与母亲-婴儿交互关系质量之间建立联系。他使用这个联系的视角既是为了观察自体-发展,也是为了检视分析过程(Mitchell and Black,1995)。温尼科特暗示,所有精神病理,除了精神神经官能症,都是因为童年情绪环境有不同类型和程度的缺陷。他主要关注母亲回应婴儿所需要的能力。

> 在温尼科特看来,母亲不能足够地"抱持(hold)"婴儿——在生命早期缺乏足够数量的"足够好的(good-enough)"养育——干扰了真实自体(True Self)的发展,导致顺从性的防御性虚假自体(False Self),成为精神分析师和精神治疗师在他们的实践中遇到的大多数精神病理的基础(Bacal and Newman,1990: 198)。

科胡特后来进一步详细阐释了这个基于缺陷(deficiency-based)的精神病理的病因学。

关于分析过程,温尼科特假设,足够好的母亲和足够好的分析师同等有效。足够好的分析师提供一种情境,病人在这个情境中借助移情能够回溯,并且可以这么说,得以重新调整源于早期关系的失调。治疗师需要为病人提供抱持性环境,就如母亲为婴儿做的。温尼科特(1966)在他后期的论著中补充到，在这个抱持性环境中，很重要的一部分就是作为病人的主观客体而存在。

在回顾费伦齐、巴林特、费尔贝恩和温尼科特如何预先提出科胡特的许多关键思想时，再一次令人印象深刻和令人遗憾的是，科胡特完全没有对走在他前面的这些理论家的工作表示感谢。可是，我认为同样准确的说法是，这些早期理论家没有哪一位详细阐述了关于发展、精神病理和治疗的完整理论，而科胡特的自体心理学就具有这样的连贯性和综合性。

参考文献

Adler, G. 1989. Use and limits of Kohut's self psychology in the treatment of borderline patients. Journal of the American Psychoanalytic Association 37:761–86.

Aron, L. 1996. A meeting of minds: Mutuality in psychoanalysis. Hillsdale, NJ: Analytic Press.

Atwood, G. E., and R. D. Stolorow. 1984. Structures of subjectivity: Exploration in psychoanalytic phenomenology. Hillsdale, NJ: Analytic Press.

———. 1997. Defects in the self: Liberating concept or imprisoning metaphor? Psychoanalytic Dialogues 7:517–22.

Bacal, H. 1985. Optimal responsiveness and the therapeutic process. In Progress in self psychology, vol. 1, ed. A. Goldberg, 202–27. New York: Guilford Press.

———. 1990a. Does an object relations theory exist in self psychology? Psychoanalytic Inquiry 10 (2): 197–220.

———. 1990b. The elements of a corrective selfobject experience. Psychoanalytic Inquiry 10:347–72.

———. 1995a. The centrality of selfobject experience in psychological relatedness. Psychoanalytic Dialogues 5:403–10.

———. 1995b. The essence of Kohut's work and the progress of self psychology. Psychoanalytic Dialogues 5:353–66.

———, ed. 1998. Optimal responsiveness: How therapists heal their patients. Northvale, NJ: Jason Aronson.

Bacal, H., and K. M. Newman. 1990. Theories of object relations: Bridges to self psychology. New York: Columbia University Press.

Bacal, H., and P. Thomson. 1996. The psychoanalyst's self object needs and the effect of their frustration on the treatment: A new view of countertransference. In Basic ideas reconsidered, vol. 12 of Progress in self psychology, ed. A. Goldberg, 17–35. Hillsdale, NJ: Analytic Press.

Baker, H., and M. Baker. 1987. Heinz Kohut's self psychology: An overview. American Journal of Psychiatry 144:1–9.

Balint, M. 1949. Changing the therapeutical aim and technique in psycho-analysis. In M. Balint, Primary love and psycho-analytic technique, 209–22. London: Tavistock, 1952.

———. 1952. Primary love and psycho-analytic technique. London: Tavistock.

———. 1968. The basic fault: Therapeutic aspects of regression. London: Tavistock.

———. 1969. Trauma and object relationship. International Journal of Psychoanalysis 50:429–35.
Basch, M. 1985. Interpretation: Toward a developmental model. In Progress in Self Psychology , vol. 1, ed. A. Goldberg, 33–42. New York: Guilford Press.
———. 1990. Further thoughts of empathic understanding. In The realities of the transference , vol. 6 of Progress in self psychology, ed. A. Goldberg, 3–10. Hillsdale, NJ: Analytic Press.
———. 1992. Practicing psychotherapy: The science behind the art. New York: Basic Books.
Beebe, B., J. Jaffe, and F. Lachmann. 1992. A dyadic systems view of communication. In Relational perspectives in psychoanalysis, ed. N. Skolnick and S. Warshaw, 61–82. Hillsdale, NJ: Analytic Press.
Beebe, B., and F. Lachmann. 1988a. The contribution of mother–infant mutual influence to the origins of self-object representations. Psychoanalytic Psychology 5:305–37.
———. 1988b. Mother–infant mutual influence and precursors to psychic structure. In Frontiers in self psychology, vol. 3 of Progress in self psychology , ed. A. Goldberg, 3–26. Hillsdale, NJ: Analytic Press.
———. 1994. Representation and internalization in infancy: Three principles of salience. Psychoanalytic Psychology 11:127–65.
———. 1996. The contribution of self and mutual regulation to therapeutic action: A case illustration. In Basic ideas reconsidered , vol. 12 of Progress in self psychology , ed. A. Goldberg, 123–40. Hillsdale, NJ: Analytic Press.
Berger, D. 1987. Clinical empathy. Northvale, NJ: Jason Aronson.
Brandchaft, B. 1988. A case of intractable depression. In Learning from Kohut, vol. 4 of Progress in self psychology, ed. A. Goldberg, 133–54. Hillsdale, NJ: Analytic Press.
———. 1993. To free the spirit from its cell. In The intersubjective perspective, ed. R. D. Stolorow, G. E. Atwood, and B. Brandchaft, 57–76. Northvale, NJ: Jason Aronson.
———. 1994. Structures of pathological accommodation and change in analysis. Paper presented at the Association for Psychoanalytic Self Psychology, New York City.
Breuer, J., and S. Freud. [1895] 1951. Studies in hysteria. In Standard edition of the complete Psychological Works of Sigmund Freud, vol. 2, ed. J. Strachey and A. Freud. London: Hogarth Press.
Bromberg, P. 1989. Interpersonal psychoanalysis and self psychology: A clinical comparison. In Self psychology, ed. D. W. Detrick and S. P. Detrick, 275–92. Hillsdale, NJ: Analytic Press.
Buie, D. 1981. Empathy: Its nature and limitations. Journal of the American Psychoanalytic Association 29:281–308.
Buirski, P., and P. Haglund. 2001. Making sense together: The intersubjective approach to psychotherapy. Northvale, NJ: Jason Aronson.
Chessick, R. 1985. Psychology of the self and the treatment of narcissism. Northvale, NJ: Jason Aronson.

Cocks, G. 1994. The curve of life: The correspondence of Heinz Kohut, 1923–1981. Chicago: University of Chicago Press.

Davis, J., and M. Frawley. 1994. Treating the adult survivor of childhood sexual abuse: A psychoanalytic perspective. New York: Basic Books.

Detrick, D. 1985. Alterego phenomena and the alterego transferences. In Progress in self psychology, vol. 1, ed. A. Goldberg, 240–56. New York: Guilford Press.

Doctors, S. 2001. Clinical notes on the self-psychological intersubjective "contextualization of narcissism": A discussion of Hazel Ipp's clinical case. In The narcissistic patient revisited , vol. 17 of Progress in self psychology, ed. A. Goldberg, 65–72. Hillsdale, NJ: Analytic Press.

Donner, S. 1991. The treatment process. In Using self psychology in psychotherapy, ed. H. Jackson, 51–70. Northvale, NJ: Jason Aronson.

Eisenstein, A. 1988. The alter-ego dimension of selfobject experience. Manuscript.

Fairbairn, W. R. D. [1941] 1952. A revised psychopathology of the psychoses and psychoneuroses. In W. R. D. Fairbairn, Psychoanalytic studies of the personality. London: Routledge and Kegan Paul.

———. [1944] 1952. Endopsychic structure considered in terms of object-relationships. In W. R. D. Fairbairn, Psychoanalytic studies of the personality. London: Routledge and Kegan Paul.

———. [1946] 1952. Object-relationships and dynamic structure. In W. R. D. Fairbairn, Psychoanalytic studies of the personality. London: Routledge and Kegan Paul.

Feiner, K., and S. Kiersky. 1994. Empathy: A common ground. Psychoanalytic Dialogues 4:425–40.

Ferenczi, S. [1928] 1955. The elasticity of psychoanalytic technique. In S. Ferenczi, Final contributions to the theory and technique of psycho-analysis, 87–101. London: Hogarth Press.

———. [1933] 1955. Confusion of tongues between adult and the child. In S. Ferenczi, Final contributions to the theory and technique of psycho-analysis, 126–42. London: Hogarth Press.

Fiss, H. 1988. An experimental self psychology of dreaming: Clinical and theoretical applications. In Dimensions of self experience, vol. 17 of Progress in self psychology , ed. A. Goldberg, 13–23. Hillsdale, NJ: Analytic Press.

Fonagy, P. 2001. Attachment theory and psychoanalysis. New York: Other Press.

Fosshage, J. 1983. The psychological function of dreams: A revised psychoanalytic perspective. Psychoanalysis and Contemporary Thought 6:641–69.

———. 1990a. Clinical protocol and The analyst's reply. Both in Psychoanalytic Inquiry 10 (4): 461–77, 601–22.

———. 1990b. Toward reconceptualizing transference: Theoretical and clinical considerations. Paper presented at the meeting of the American Psychological Association, Division 39, April 5, New York City.

———. 1992. Self psychology: The self and its vicissitudes within a relational matrix. In

Relational perspectives in psychoanalysis, ed. N. Skolnick and S. Warshaw, 21–42. Hillsdale, NJ: Analytic Press.

———. 1995a. Countertransference as the analyst's experience of the analysand: The influence of listening perspectives. Psychoanalytic Psychology 12 (3): 375–91.

———. 1995b. An expansion of motivational theory: Lichtenberg's motivational systems model. Psychoanalytic Inquiry 15 (4): 421–36.

———. 1997a. "Compensatory" or "primary": An alternative view. Discussion of "Compensating structures: Paths to the restoration of the self," by Marian Tolpin. In Conversations in self psychology, vol. 13 of Progress in self psychology, ed. A. Goldberg, 21–28. Hillsdale, NJ: Analytic Press.

———. 1997b. Listening/experience perspectives and the quest for facilitating responsiveness. In Conversations in self psychology, vol. 13 of Progress in self psychology , ed. A. Goldberg, 33–56. Hillsdale, NJ: Analytic Press.

———. 1998. On aggression: Its form and functions. Psychoanalytic Inquiry 18 (1): 45–54.

Freud, S. [1914] 1957. On narcissism: An introduction. In Standard edition of the complete psychological works of Sigmund Freud, vol. 14, ed. J. Strachey and A. Freud, 69–102. London: Hogarth Press.

———. [1917] 1957. Mourning and melancholia. In Standard edition of the complete psychological works of Sigmund Freud, vol. 14, ed. J. Strachey and A. Freud, 237–258. London: Hogarth Press.

———. [1920] 1956. Beyond the pleasure principle. In Standard edition of the complete psychological works of Sigmund Freud, vol. 18, ed. J. Strachey and A. Freud, 3–64. London: Hogarth Press.

———. [1921] 1956. Group psychology and the analysis of the ego. In Standard edition of the complete psychological works of Sigmund Freud, vol. 18, ed. J. Strachey and A. Freud, 67–143. London: Hogarth Press.

———. [1927] 1961. The ego and the id. In Standard edition of the complete psychological works of Sigmund Freud, vol. 19, ed. J. Strachey and A. Freud, 3–66. London: Hogarth Press.

Friedman, L. 1978. Trends in the psychoanalytic theory of treatment. Psychoanalytic Quarterly 47:524–67.

———. 1980. Kohut: A book review essay. Psychoanalytic Quarterly 49:393–423.

———. 1986. Kohut's testament. Psychoanalytic Inquiry 6 (3): 321–47.

Gedo, J. E. 1988. The mind in disorder: Psychoanalytic models of pathology. Hillsdale, NJ: Analytic Press.

Gill, M. 1976. Metapsychology is not psychology. In Psychology versus metapsychology: Psychoanalytic essays in memory of George S. Klein, ed. M. Gill and P. Holzman, 71–105. New York: International Universities Press.

Goldberg, A. 1974. On the prognosis and treatment of narcissism. Journal of the American Psychoanalytic Association 22:243–54.

———. 1978. The psychology of the self: A casebook. New York: International Universities Press.
———. 1988. A fresh look at psychoanalysis. Hillsdale, NJ: Analytic Press.
———. 1995. The problem of perversion: The view from self psychology. New Haven, CT: Yale University Press.
———. 1999. Being of two minds: The vertical split in psychoanalysis and psychotherapy. Hillsdale, NJ: Analytic Press.
Greenberg, J., and S. Mitchell. 1983. Object relations in psychoanalytic theory. Cambridge, MA: Harvard University Press.
Guntrip, H. 1968. Schizoid phenomena, object relations, and the self. New York: International Universities Press.
Hartmann, H. 1927. Understanding and explanation. In H. Hartmann, Essays in ego psychology, 369–403. New York: International Universities Press, 1964.
———. 1950. Psychoanalysis and developmental psychology. In H. Hartmann, Essays on ego psychology, 99–112. New York: International Universities Press, 1964.
Hayes, G. 1994. Empathy: A conceptual and clinical deconstruction. Psychoanalytic Dialogues 4:409–24.
Hesse, M. 1980. Revolutions and reconstructions in the philosophy of science. Brighton, UK: Harvester Press.
Kindler, A. 1996. Mirroring in self psychology: From the grandiose self to the need for confirmation. Manuscript.
Klein, G. 1976. Psychoanalytic theory. New York: International Universities Press.
Kohut, H. 1959. Introspection, empathy, and psychoanalysis. Journal of the American Psychoanalytic Association 7:459–83.
———. 1966. Forms and transformations of narcissism. Journal of the American Psychoanalytic Association 14:243–72.
———. 1971. The analysis of the self. New York: International Universities Press.
———. 1972. Thoughts on narcissism and narcissistic rage. Psychoanalytic Study of the Child 27:360–400.
———. 1977. The restoration of the self. New York: International Universities Press.
———. [1980] 1991. On empathy: Selected problems in self psychological theory. In The search for the self, vol. 4, ed. P. Ornstein, 489–523. Madison, CT: International Universities Press.
———. 1984. How does analysis cure? New York: International Universities Press.
———. 1996. The Chicago Institute lectures, ed. P. Tolpin and M. Tolpin. Hillsdale, NJ: Analytic Press.
Kohut, H., and E. Wolf. 1978. The disorders of the self and their treatment: An outline. International Journal of Psychoanalysis 59:413–25.
Lachmann, F. 1986. Interpretations of psychic conflict and adversarial relationship: A self-psychological perspective. Psychoanalytic Psychology 3 (4): 341–55.
———. 2000. Transforming aggression: Psychotherapy with the difficult-to-treat patient.

Northvale, NJ: Jason Aronson.

Lachmann, F., and B. Beebe. 1992. Representational and self object transferences: A developmental perspective. In New therapeutic visions, vol. 8 of Progress in self psychology, ed. A. Goldberg, 3–15. Hillsdale, NJ: Analytic Press.

———. 1993. Interpretation in a developmental perspective. In The widening scope of self psychology, vol. 9 of Progress in self psychology, ed. A. Goldberg, 45–52. Hillsdale, NJ: Analytic Press.

———. 1995. Self psychology: Today. Psychoanalytic Dialogues 5 (3): 375–84.

———. 1996. The contribution of self and mutual regulation to therapeutic action. In Basic ideas reconsidered, vol. 12 of Progress in self psychology, ed. A. Goldberg, 123–40. Hillsdale, NJ: Analytic Press.

———. 1997. Trauma, interpretation, and self-state transformation. Psychoanalysis and Contemporary Thought 20 (2): 269–90.

Layton, L. 1998. A deconstruction of Kohut: Concept of self. In L. Layton, Who's that girl? Who's that boy? Clinical practice meets postmodern gender theory, 193–206. Northvale, NJ: Jason Aronson.

Lee, R., and J. Martin. 1991. Psychotherapy after Kohut: A textbook of self psychology. Hillsdale, NJ: Analytic Press.

Leider, R. 1998. In the belly of the beast: The vicissitudes of aggression. Psychoanalytic Inquiry 36:560–64.

Lessem, P., and D. Orange. 1993. Self psychology and attachment: The importance of the particular other. Paper presented at the 16th Annual Conference on the Psychology of the Self, October 28–31, Toronto.

Levin, J. 1994. Alcoholism and regression/fixation to pathological narcissism. In The dynamics and treatment of alcoholism, ed. J. Levin and R. Weiss, 370–86. Hillsdale, NJ: Jason Aronson.

Lewis, H. B. 1971. Shame and guilt in neurosis. New York: International Universities Press.

Lichtenberg, J. D. 1983. Psychoanalysis and infant research. Hillsdale, NJ: Analytic Press.

———. 1988. A theory of motivational-functional systems as psychic structures. Journal of the American Psychoanalytic Association 36 (suppl.): 57–72.

———. 1989. Psychoanalysis and motivation. Hillsdale, NJ: Analytic Press.

———. 1991. What is a selfobject? Psychoanalytic Dialogues 1 (4): 455–80.

———. 1999. Listening, understanding, and interpreting: Reflections on complexity. International Journal of Psychoanalysis 80:719–37.

Lichtenberg, J. D., F. M. Lachmann, and J. L. Fosshage. 1992. Self and motivational systems: Toward a theory of psychoanalytic technique. Hillsdale, NJ: Analytic Press.

———. 1996. The clinical exchange: Technique derived from self and motivational systems. Hillsdale, NJ: Analytic Press.

Lynch, V. 1991. Basic concepts. In Using self psychology in psychotherapy, ed. H. Jackson, 15–26. Northvale, NJ: Jason Aronson.

MacFarlane, J. 1975. Olfaction in the development of social preferences in the human neonate. In Parent–infant interaction, ed. M. Hofer. Amsterdam: Elsevier.

MacIsaac, D. 1996. Optimal frustration: An endangered concept. In Basic ideas reconsidered, vol. 12 of Progress in self psychology, ed. A. Goldberg, 3–16. Hillsdale, NJ: Analytic Press.

Martinez, D. 1993. The bad girl, the good girl, their mothers, and the analyst: The role of the twinship selfobject in female oedipal development. In The widening scope of self psychology, vol. 9 of Progress in self psychology, ed. A. Goldberg, 87–108. Hillsdale, NJ: Analytic Press.

Meares, R. 1997. Stimulus entrapment: On a common basis of somatization. Psychoanalytic Inquiry 17 (2): 223–34.

Miller, J. 1985. How Kohut actually worked. In Progress in self psychology , vol. 1, ed. A. Goldberg, 13–40. New York: Guilford Press.

Miller, J. P. III. 1996. Using self psychology in child psychotherapy: The restoration of the child. Northvale, NJ: Jason Aronson.

Mitchell, S. 1997. Influence and autonomy in psychoanalysis. Hillsdale, NJ: Analytic Press.

Mitchell, S., and M. Black. 1995. Freud and beyond: A history of modern psychoanalytic thought. New York: Basic Books.

Mollon, P. 2001. Releasing the self: The healing legacy of Heinz Kohut. London: Whurr.

Morrison, A. 1989. Shame: The underside of narcissism. Hillsdale, NJ: Analytic Press.

———. 1994. The breadth and boundaries of a self-psychological immersion in shame: A one-and-a-half person perspective. Psychoanalytic Dialogues 4(1): 19–36.

Morrison, A., and R. Stolorow. 1997. Shame, narcissism, and inter-subjectivity. In The widening scope of shame, ed. M. R. Lansky and A. P. Morrison, 63–87. Hillsdale, NJ: Analytic Press.

Omer, H. 1997. Narrative empathy. Psychotherapy 34 (1): 19–37.

Orange, D. 1993. Countertransference, empathy, and the hermeneutical circle. In The widening scope of self psychology, vol. 9 of Progress in self psychology , ed. A. Goldberg, 245–56. Hillsdale, NJ: Analytic Press.

———. 1995a. Emotional understanding: Studies in psychoanalytic epistemology. New York: Guilford Press.

———. 1995b. Relational theories and self psychology: The Ferenczi connection. Manuscript.

Orange, D., G. E. Atwood, and R. D. Stolorow. 1997. Working intersubjectively: Contextualism in psychoanalytic practice. Hillsdale, NJ: Analytic Press.

Ornstein, A. 1974. The dread to repeat and the new beginning. Annual of Psychoanalysis 2:231–48.

———. 1991. The dread to repeat: The working-through process in psychoanalysis. Journal of the American Psychoanalytic Association 39:377–98.

Ornstein, P. 1978. Introduction to The search for the self vol. 1, ed. P. Ornstein, 1–106.

New York: International Universities Press.

———. 1987. On self-state dreams in the psychoanalytic treatment process. In The dream in clinical practice: Interpretation of dreams in clinical work , ed. A. Rothstein. Madison, CT: International Universities Press.

———. 1993. Chronic rage from underground: Reflections on its structures and treatment. In The widening scope of self psychology, vol. 9 of Progress in self psychology , ed. A. Goldberg, 143–58. Hillsdale, NJ: Analytic Press. Ornstein, P., and Ornstein, A. 1985. Clinical understanding and explaining: The empathic vantage point. In Progress in self psychology, vol. 1, ed. A. Goldberg, 43–61. New York: Guilford Press.

———. 1996. Some general principles of psychoanalytic psychotherapy: A self psychological perspective. In Understanding therapeutic action, ed. L. Lifson, 87–102. Hillsdale, NJ: Analytic Press.

Piaget, J. 1974. The place of the sciences of man in the system of sciences. New York: Harper and Row.

Pine, F. 1981. In the beginning: Contributions to a psychoanalytic developmental psychology. International Review of Psychoanalytic 8:15–33.

Preston, L., and E. Shumsky. 2000. The development of the dyad: A bidirectional revisioning of some self psychological concepts. In How responsive should we be? vol. 16 of Progress in self psychology, ed. A. Goldberg, 67–86. Hillsdale, NJ: Analytic Press.

———. 2002. From an empathic stance to an empathic dance: Empathy as a bilateral negotiation. In Postmodern self psychology, vol. 18 of Progress in self psychology , ed. A. Goldberg, 47–62. Hillsdale, NJ: Analytic Press.

Rachman, A. 1989. Confusion of tongues: The Ferenczian metaphor for childhood seduction and emotional trauma. Journal of the American Academy of Psychoanalysis 17 (2): 181–205.

Renik, O. 1993. Analytic interaction: Conceptualizing technique in the light of the analyst's irreducible subjectivity. Psychoanalytic Quarterly 62:553–71.

Rogers, C. 1987. Client-centered? Person-centered? Person-Centered Review 2 (1): 11–13.

Rubin, S. 1997. Self and object in the postmodern world. Psychotherapy 34 (1): 1–10.

Schafer, R. 1976. A new language for psychoanalysis. New Haven, CT: Yale University Press.

Schore, A. 2002. Advances in neuropsychoanalysis, attachment theory, and trauma research: Implications for self psychology. Psychoanalytic Inquiry 22 (3): 433–84.

Schorske, C. E. 1981. Fin-de-siècle Vienna: Politics and culture. New York: Vintage Books.

Shane, M. 1985. Self psychology's additions to main-stream concepts of defense and resistance. In Progress in self psychology, vol. 1, ed. A. Goldberg, 80–87. New York: Guilford Press.

Shane, M., and E. Shane. 1996. Self psychology in search of the optimal: A consideration of optimal responsiveness, optimal provision, optimal gratification, and optimal restraint in the clinical situation. In Basic ideas reconsidered , vol. 12 of Progress in self psychology , ed. A. Goldberg, 37–54. Hillsdale, NJ: Analytic Press.

Siegel, A. M. 1996. Heinz Kohut and the psychology of the self. London: Routledge Press.

Smith, T. 1996. How external events feed organizing principles. Australian Journal of Psychotherapy 15 (2): 101–8.

Socarides, D., and R. Stolorow. 1984/85. Affects and selfobjects. Annual of Psychoanalysis 12/13:105–20.

Sorter, D. 1995. Principles of self psychological treatment. International Forum of Psychoanalysis 4:247–54.

———. 1999. An intersubjective approach: Links to self psychology. Smith College Studies in Social Work 69 (2): 239–52.

Stern, D. 1985. The interpersonal world of the infant. New York: Basic Books.

Stolorow, R. D. 1986. On experiencing an object: A multi-dimensional perspective. In Progress in self psychology, vol. 2, ed. A. Goldberg, 273–79. New York: Guilford Press.

———. 1993. Thoughts on the nature and therapeutic action of psychoanalytic interpretation. In The widening scope of self psychology, vol. 9 of Progress in self psychology , ed. A. Goldberg, 31–43. Hillsdale, NJ: Analytic Press.

———. 1994. Aggression in the psychoanalytic situation. In The intersubjective perspective, ed. R. D.

Stolorow, G. E. Atwood, and B. Brandchaft, 113–120. Northvale, NJ: Jason Aronson.

Stolorow, R. D., and G. E. Atwood. 1979. Faces in a cloud. Northvale, NJ: Jason Aronson.

———. 1992. Contexts of being: The intersubjective foundations of psychological life. Hillsdale, NJ: Analytic Press.

Stolorow, R. D., G. E. Atwood, and B. Brandchaft, eds. 1994. The intersubjective perspective. Northvale, NJ: Jason Aronson.

Stolorow, R. D., G. E. Atwood, and D. Orange. 1999. Kohut and con-textualism: Toward a post-Cartesian contextualism. Psychoanalytic Psychology 16 (3): 380–88.

Stolorow, R. D., B. Brandchaft, and G. E. Atwood. 1983. Intersubjectivity in psychoanalytic treatment, with special reference to archaic states. Bulletin of the Menniger Clinic 47:117–28.

———. 1987. Psychoanalytic treatment: An intersubjective approach. Hillsdale, NJ: Analytic Press.

Stolorow, R., and F. Lachmann. 1980. The psychoanalysis of developmental arrests. New York: International Universities Press.

———. 1987. Transference: The organization of experience. In R. D. Stolorow, B. Brandchaft, and G. E. Atwood, Psychoanalytic treatment: An intersubjective approach. Hillsdale, NJ: Analytic Press.

Sucharov, M. 1994. Psychoanalysis, self psychology, and intersubjectivity. In The intersubjective perspective, ed. R. D. Stolorow, G. E. Atwood, and B. Brandchaft, 187–202. Northvale, NJ: Jason Aronson.

———. 1998. A systems view of the empathic system. In Optimal responsiveness: How therapists heal their patients, ed. H. Bacal, 273–87. Northvale, NJ: Jason Aronson.

Sulloway, F. 1979. Freud, the biologist of the mind. London: Fontana.

Summers, F. 1994. Object relation theories and psychopathology. Hillsdale, NJ: Analytic Press.

Tansey, M., and W. Burke. 1989. Understanding countertransference: From projective identification to empathy. Hillsdale, NJ: Analytic Press.

Teicholz, J. 1989. Broadening the meaning of empathy for work with primitive disorders. Paper presented at the spring meeting of the American Psychological Association, Division 39, Boston.

———. 1999. Kohut, Loewald, and the postmoderns: A comparative study of self and relationship. Hillsdale, NJ: Analytic Press.

———. 2000. The analyst's empathy, subjectivity, and authenticity: Affect as the common denominator. In How responsive should we be? vol. 16 of Progress in self psychology, ed. A. Goldberg, 33–54. Hillsdale, NJ: Analytic Press.

———. 2001. The many meanings of intersubjectivity and their implications for analyst self-expression and self-disclosure. In The narcissistic patient revisited, vol. 17 of Progress in self psychology, ed. A. Goldberg, 9–44. Hillsdale, NJ: Analytic Press.

Terman, D. 1988. Optimum frustration: Structuralization and the therapeutic process. In Learning from Kohut, vol. 4 of Progress in self psychology, ed. A. Goldberg, 113–26. Hillsdale, NJ: Analytic Press.

Tolpin, M. 1971. On the beginnings of a cohesive self. Psychoanalytic Study of the Child 26:316–54.

———. 1978. Selfobjects and oedipal objects: A crucial developmental distinction. Psychoanalytic Study of the Child 33:167–84.

———. 1986. The self and its selfobjects: A different baby. In Progress in self psychology, vol. 2, ed. A. Goldberg, 115–28. New York: Guilford Press.

———. 1997. Compensatory structures: Paths to the restoration of the self. In Conversations in self psychology, vol. 13 of Progress in self psychology, ed. A. Goldberg, 3–20. Hillsdale, NJ: Analytic Press.

Tolpin, M., and H. Kohut. 1989. The disorders of the self: The psychopathology of the first years of life. In The course of life: Psychoanalytic contribution toward understanding personality development, vol. 1, Infancy and early childhood, ed. S. I. Greenspan and G. H. Pollock, 425–42. Adelphi, MD: Mental Health Study Center, Division of Mental Health Service Programs, National Institute of Mental Health, U.S. Dept. of Health and Human Services, Public Health Service, Alcohol, Drug Abuse, and Mental Health Administration.

Tolpin, P. 1983. A change in the self: The development and transformation of an idealizing transference. International Journal of Psychoanalysis 64:461–83.

———. 1989. On dreaming and our inclinations. In Dimensions of self experience, vol. 5 of Progress in self psychology, ed. A. Goldberg, 39–44. Hillsdale, NJ: Analytic Press.

Tompkins, S. 1963. Affect, imagery, consciousness, vol. 2, The negative affects. New York: Springer.
Tronick, E. 1989. Emotions and emotional communication in infants. American Psychologist 44:112–19.
Trop, J. 1995. Self psychology and intersubjectivity theory. In The impact of new ideas, vol. 11 of Progress in self psychology, ed. A. Goldberg, 31–46. Hillsdale, NJ: Analytic Press.
Trop, J., and R. Stolorow. 1992. Defense analysis in self psychology: A developmental view. Psychoanalytic Dialogues 2 (4): 427–42.
Tuch, R. 1997. Beyond empathy: Confronting certain complexities in self psychology theory. Psychoanalytic Quarterly 66:259–82.
Ulman, R., and H. Paul. 1989. A self-psychological theory and approach to treating substance abuse disorders: The "intersubjective absorption" hypothesis. In Dimensions of self experience, vol. 5 of Progress in self psychology, ed. A. Goldberg, 105–20. Hillsdale, NJ: Analytic Press.
———. 1990. The addictive personality and "additive trigger mechanisms" (ATMs): The self psychology of addiction and its treatment. In The realities of transference, vol. 6 of Progress in self psychology , ed. A. Goldberg, 129–56. Hillsdale, NJ: Analytic Press.
———. 1992. Dissociative anesthesia and the transitional selfobject transference in the intersubjective treatment of the additive personality. In New therapeutic visions, vol. 8 of Progress in self psychology, ed. A. Goldberg, 109–39. Hillsdale, NJ: Analytic Press.
Winnicott, D. W. [1951] 1975. Transitional objects and transitional phenomena. In D. W. Winnicott, Collected papers, 229–42. London: Hogarth Press.
———. 1960a. Ego distortion in terms of true and false self. In D. W. Winnicott, The maturational processes and the facilitating environment, 140–52. Madison, CT: International Universities Press.
———. 1960b. The theory of the parent–infant relationship. In D. W. Winnicott, The maturational processes and the facilitating environment, 37–55. Madison, CT: International Universities Press.
———. 1966. The ordinary devoted mother. Presentation given to the Nursing School Association of Great Britain and Northern Ireland, London branch.
———. 1971. Mirror-role of mother and family in child development. In D. W. Winnicott, Playing and reality, 111–18. London: Tavistock.
Wolf, E. 1979. Transferences and countertransferences in the analysis of disorders of the self. In Countertransference: The therapist's contributions to treatment , ed. L. Epstein and A. Feiner. New York: Jason Aronson.
———. 1983. Empathy and countertransference. In The future of psychoanalysis, ed. A. Goldberg, 309–26. New York: International Universities Press.
———. 1985. The search for confirmation: Technical aspects of mirroring. Psychoanalytic Inquiry 5 (2): 271–82.
———. 1988. Treating the self: Elements of clinical self psychology. New York: Guilford

Press.

———. 1993. The role of interpretation in therapeutic change. In The widening scope of self psychology, vol. 9 of Progress in self psychology, ed. A. Goldberg, 15–30. Hillsdale, NJ: Analytic Press. Young-Breuhl, E. 1988. Anna Freud. New York: Summit Books.